交通版高等职业教育规划教材

YINGYONG GAODENG SHUXUE XITICE

《应用高等数学(上册)》习题册

斯彩英　主编
王怡民　主审

人民交通出版社

内容提要

本书是为人民交通出版社出版的《应用高等数学(上册)》配套的习题册。书中按模块、学习单元、学习任务的结构设置,内容包括:函数、极限与连续,导数、微分及其应用,积分及其应用,一元函数微积分问题的MATLAB操作。模块中的每一单元根据不同任务进行习题设计,在每个任务中都列出与这一任务相关的知识点及主要公式,每个任务分基本能力训练与拓展能力训练两部分,以满足不同学生的需求。

本习题册可作为高职院校工科类专业教学课程的教学用书,也可作为学生的学习参考用书。

图书在版编目(CIP)数据

《应用高等数学(上册)》习题册 / 斯彩英编.
—北京 : 人民交通出版社, 2012.8
ISBN 978-7-114-09890-1

Ⅰ.①应… Ⅱ.①斯… Ⅲ.①高等数学—高等学校—习题集 Ⅳ.①O13-44

中国版本图书馆CIP数据核字(2012)第135232号

书　　名:《应用高等数学(上册)》习题册
著 作 者: 斯彩英
责任编辑: 富砚博
出版发行: 人民交通出版社
地　　址: (100011)北京市朝阳区安定门外外馆斜街3号
网　　址: http://www.ccpress.com.cn
销售电话: (010)59757973
总 经 销: 人民交通出版社发行部
经　　销: 各地新华书店
印　　刷: 北京市密东印刷有限公司
开　　本: 787×1092 1/16
印　　张: 9.5
字　　数: 210千
版　　次: 2012年8月　第1版
印　　次: 2014年7月　第3次印刷
书　　号: ISBN 978-7-114-09890-1
印　　数: 6501-9500册
定　　价: 22.00元

前　　言

应用高等数学作为高职教育一门重要的公共基础课程，其在学生拓宽文化基础、加强能力支撑、提供专业工具、提高人文素养等四个方面发挥着重要的作用。但是，近几年随着高校的扩招，高职学生数学基础普遍较差，很多学生害怕学数学。为此，本院结合校本教材《应用高等数学（上册）》编写了配套的习题册。

该习题册贯穿能力培养和分层教学的思路，其目的是提高学生学习的时效性，提升学生的解题能力，也为满足不同学生学习的需求。其内容包括四个学习模块：函数、极限与连续，导数、微分及其应用，积分及其应用，一元函数微积分问题的 MATLAB 操作。每一模块根据学习情境又分为若干学习单元和学习任务，在每个学习任务中都列出与这一任务相关的知识点及主要公式，以方便学生学习，每个任务习题分基本能力训练与拓展能力训练两部分，以满足不同学生层次的需求。每个学习任务建议安排的教学时数及与配套教材的对应章节为：

模块	学习单元	学习任务	建议教学时数	对应教材章节
模块一 **函数、极限与连续**	学习单元一	学习任务 1	2	第 1 章 1.1 ~ 1.4
		学习任务 2	1	
	学习单元二	学习任务 1	3	
		学习任务 2	2	
		学习任务 3	2	
		学习任务 4	2	
	学习单元三	学习任务 1	2	
		学习任务 2	1	
	第一阶段自测题		2	
模块二 **导数、微分及其应用**	学习单元一	学习任务 1	2	第 2 章 2.1 ~ 2.4；第 3 章 3.1 ~ 3.6
		学习任务 2	2	
		学习任务 3	2	
		学习任务 4	2	
		学习任务 5	2	
	学习单元二	学习任务 1	2	
		学习任务 2	1	
	第二阶段自测题		2	

续上表

模块	学习单元	学习任务	建议教学时数	对应教材章节
模块二 导数、微分及其应用	学习单元三	学习任务 1	2	第 2 章 2.1 ~2.4;第 3 章 3.1 ~3.6
		学习任务 2	2	
		学习任务 3	4	
		学习任务 4	2	
		学习任务 5	2	
		学习任务 6	2	
	第三阶段自测题		2	
模块三 积分及其应用	学习单元一	学习任务 1	3	第 4 章 4.1 ~4.8
		学习任务 2	3	
		学习任务 3	2	
		学习任务 4	2	
	学习单元二	学习任务 1	2	
		学习任务 2	2	
		学习任务 3	2	
		学习任务 4	2	
		学习任务 5	2	
	学习单元三	学习任务 1	2	
		学习任务 2	2	
		学习任务 3	2	
	第四阶段自测题		2	
模块四 一元函数微积分问题的 MATLAB 操作	学习任务 1		2	第 1 章 1.5、1.6
	学习任务 2		2	第 2 章 2.5;第 3 章 3.7;第 4 章 4.9
	第五阶段自测题		2	

本习题册的主要特点是:

(1)覆盖面广,覆盖了整个一元函数微积分的习题。

(2)书中习题贴近专业,贴近生活实际。

(3)编排新颖,从学习单元到学习任务。每一学习任务有相关的主要知识点及公式,通过对基础知识的巩固,能力拓展题的延伸及 MATLAB 的计算机操作,达到提升学生自主学习能力的目的。

(4)训练全面,包括选择、填空、计算、证明、应用及实验操作等题型。

(5)题型编排由浅入深,能满足不同层次的学生需求。

(6)全书有五个阶段自测题,可供学习者自行检测所学的数学知识和分析问题与解决问题的能力。书末附有全部练习题的参考答案。

(7)使用方便,便于学生课前预习、课后复习及练习,便于学生收交、保存,便于教师布置作业、批改作业。

全书由浙江交通职业技术学院数学教研室教师历经一年时间倾力完成。由浙江交通职业技术学院院长王怡民负责主审,斯彩英担任主编并负责统稿,郑锡陆、王桂云、胡大京担任副主编。具体编写分工如下:模块一由郑锡陆编写;模块二中学习单元一、学习单元二、第二阶段自测题由胡大京编写;学习单元三、第三阶段自测题由王桂云编写;模块三、模块四由斯彩英编写。

由于编者水平有限,错误和不当之处在所难免,恳请广大读者批评指正。

编　者

2012 年 5 月

目　　录

模块一　函数、极限与连续

模块二　导数、微分及其应用

模块三　积分及其应用

模块四　一元函数微积分问题的MATLAB操作

模块一

函数、极限与连续

学习单元一　函数

学习任务1　函数基本知识的理解

内容概要

1. 函数的概念

对于非空实数集 D，如果有一个对应法则 f，使得对每一个 $x\in D$，都能够对应唯一的实数 y，则将对应法则 f 称为定义在 D 上的一个函数，记作 $y=f(x)$，习惯上常称 y 是 x 的函数，x 称为自变量，y 称为因变量。

2. 函数的两要素

函数的两大要素是指对应法则和定义域。

3. 基本初等函数（6 种）

(1) $y=C$（C 为常数）；　(2) 幂函数 $y=x^{\alpha}$（α 为实数）；

(3) 指数函数 $y=a^{x}$（$a>0,a\neq1$），特别地：$y=\mathrm{e}^{x}$；

(4) 对数函数 $y=\log_{a}x$，特别地，$y=\ln x$；

(5) 三角函数 $y=\sin x,y=\cos x,y=\tan x,y=\cot x,y=\sec x,y=\csc x$；

(6) 反三角函数 $y=\arcsin x,y=\arccos x,y=\arctan x,y=\mathrm{arccot}x$。

4. 复合函数定义

设 $y=f(u)$ 和 $u=\varphi(x)$ 是两个函数，且 φ 的值域 M_{φ} 包含在 f 的定义域 D_{f} 内，则将 $y=f[\varphi(x)]$ 称为 f 与 φ 的复合函数。其中，u 称为中间变量。

5. 初等函数定义

由基本初等函数经过有限次四则运算及有限次复合，且可用一个解析式表示的函数，称为初等函数。

基本能力训练

1. 单项选择题

(1) 下列哪个函数与函数 $y=\dfrac{x}{|x|}(x<0)$ 是相同的？（　　）

A. $y=x\quad(x\in R)$　　B. $y=-x\quad(x\in R)$

C. $y=1\quad(x>0)$　　D. $y=-1\quad(x<0)$

(2)下列哪个函数是函数 $y=\dfrac{x-1}{2x+1}$ 的反函数？(　　)

A. $y=\dfrac{1-x}{1+2x}$　　B. $y=\dfrac{1+2x}{1-x}$　　C. $y=\dfrac{1-2x}{1+x}$　　D. $y=\dfrac{1+x}{1-2x}$

(3)下列哪个函数为单调增函数？(　　)

A. $y=\sin 2x(x\in R)$　　B. $y=\tan 2x(x\in R)$

C. $y=\log_{\frac{1}{2}}x(x>0)$　　D. $y=\left(\dfrac{e}{2}\right)^x(x\in R)$

(4)下列哪个函数为奇函数？(　　)

A. $y=\sin x-\cos x+1$　　B. $y=\dfrac{a^x+a^{-x}}{2}$

C. $y=|x\sin x|e^{\cos x}$　　D. $y=x(x-1)(x+1)$

(5)下列哪个函数的周期为 2π？(　　)

A. $y=\tan 2x(x\in R)$　　B. $y=\cot 2x(x\in R)$

C. $y=\sin x+\cos x(x\in R)$　　D. $y=\arcsin x(x\in R)$

2. 填空题

(1)函数 $f(x)=\sqrt{\ln(x-1)}$ 的定义域是______。

(2)设 $f(x)=3x^2+2x,\varphi(t)=\lg(1+t)$，则 $f[\varphi(t)]=$______，$\varphi[f(x)]=$______。

(3)若 $f(x)=\dfrac{1}{1-x}$，则 $f[f(x)]=$______，$f\{f[f(x)]\}=$______。

3. 解答题

(1)写出下列函数的复合过程：

①$y=\sin^2\left(1-\dfrac{1}{x}\right)$；　　②$y=\ln\cos\sqrt{1+x^2}$。

(2)求函数 $y=\sqrt{3-x}+\arcsin\dfrac{3-2x}{5}$ 的定义域。

(3)已知 $f(x+2)=x^2+3x-2$，求 $f(x)$ 与 $f(2-x)$。

拓展能力训练

解答题

(1)已知$f(x)=\begin{cases}1, & 0\leqslant x\leqslant 1\\ -2, & 1\leqslant x\leqslant 2\end{cases}$,求$f(x+3)$的定义域。

(2)指出函数$y=\begin{cases}x(1-x), x\geqslant 0\\ x(1+x), x<0\end{cases}$的奇偶性。

(3)已知$f(\sqrt{x}+1)=3x^2-2x+4$,求$f(x)$。

(4)设$f(x)=\begin{cases}e^x, x<1\\ x, x\geqslant 1\end{cases}$,$\varphi(x)=\begin{cases}x+2, x<0\\ x^2-1, x\geqslant 0\end{cases}$,求$f[\varphi(x)]$。

学习任务2　实际问题函数模型的建立

基本能力训练

应用题

(1)某厂生产某种产品 1 200t,定价为 150 元/t,销售量在不超过 600t 时,按原价出售;超过 600t 时,超过部分按八折出售。试求销售收入与销售量之间的函数关系。

（2）建筑工地上要制作一个底面为正方形，体积为 8m^3 的长方体池子（无盖），已知地面单位造价是周围单位造价的 2 倍，试写出造价 L 与底面面积 S 的关系式。

（3）某工艺品的纵截面为矩形，已知矩形的长和宽分别是 x 和 y，其周长为 24，将其绕宽边 y 旋转一周构成一立体，试写出侧面积与矩形长的关系式。

（4）在半径为 R 的半圆形内内接一梯形，梯形的一个底边与半圆的直径重合，另一底边的两个端点在半圆上，试将梯形的面积 S 表示成其高 h 的函数。

拓展能力训练

应用题

（1）电力部门规定，居民每月用电不超过 60 度时，每度电按 0.5 元收费；当用电超过 60 度但不超过 90 度时，超过的部分每度电按 0.8 元收费；当用电超过 90 度时，超过部分每度按 1.2 元收费，试建立居民月用电费与月用电量之间的函数关系。

（2）把一个直径为 50cm 的圆木截成横截面为长方形的方木，若此长方形截面的一条边为 $x$cm，截面面积为 $S\text{cm}^2$，试将 S 表示成 x 的函数，并指出其定义域。

(3)一台收音机售价为 90 元,成本为 60 元,厂方为鼓励销售商大量采购,决定凡是订购量超过 100 台的,每多订购 1 台,售价就降低 1 分,但最低价为每台 75 元。

①将每台的实际售价 P 表示为订购量 x 的函数;

②将厂方所获的利润 L 表示成订购量 x 的函数;

③某一商行订购了 1 000 台,厂方可获利润多少?

学习单元二　函数的极限

学习任务1　极限概念的理解

内容概要

1. 数列极限的定义

对于数列$\{a_n\}$，若当n无限增大时，a_n无限接近于一个确定的常数A，则称常数A为数列$\{a_n\}$的极限，记作$\lim\limits_{n\to\infty}a_n=A$，或$a_n\to A(n\to\infty)$。

2. 当$x\to\infty$时，函数$y=f(x)$的极限定义

设函数$f(x)$在$|x|>a$时有定义（a为某个正实数），若当x的绝对值无限增大时，$f(x)$无限趋近于一个确定的常数A，则称常数A为函数$f(x)$当$x\to\infty$时的极限，记作

$$\lim_{x\to\infty}f(x)=A,\text{或}f(x)\to A(x\to\infty)。$$

说明：(1)数列极限是函数$y=f(x)$当$x\to\infty$时极限的特殊情况；

(2)$\lim\limits_{x\to\infty}f(x)=A$的充要条件是$\lim\limits_{x\to+\infty}f(x)=\lim\limits_{x\to-\infty}f(x)=A$。

3. 当$x\to x_0$时，函数$y=f(x)$的极限定义

设函数$f(x)$在x_0左右两侧有定义（点x_0本身可以除外），若当x无限趋近于x_0（记作$x\to x_0$）时，$f(x)$无限趋近于一个确定的常数A，则称常数A为函数$f(x)$当$x\to x_0$时的极限，记为

$$\lim_{x\to x_0}f(x)=A,\text{或}f(x)\to A(x\to x_0)。$$

注意：(1)定义中并不要求$f(x)$在点x_0处有定义；

(2)$x\to x_0$表示自变量x从x_0的左右两旁同时无限接近于x_0。

4. 左、右极限定义

若当x从x_0的左侧（即$x<x_0$）无限趋近于x_0时，函数$f(x)$无限趋近于一个确定的常数A，则称常数A为函数$f(x)$在x_0处的左极限，记为$\lim\limits_{x\to x_0^-}f(x)=A$或$f(x)\to A(x\to x_0^-)$。

若当x从x_0的右侧（即$x>x_0$）无限趋近于x_0时，函数$f(x)$无限趋近于一个确定的常数A，则称常数A为函数$f(x)$在x_0处的右极限，记为$\lim\limits_{x\to x_0^+}f(x)=A$或$f(x)\to A(x\to x_0^+)$。

注意：$\lim\limits_{x\to x_0}f(x)=A$的充要条件是$\lim\limits_{x\to x_0^+}f(x)=\lim\limits_{x\to x_0^-}f(x)=A$。

基本能力训练

1. 单项选择题

(1)下列哪个选项的极限不等于1？(　　)

A. $\lim\limits_{n\to\infty}\left(1+\dfrac{1}{n}\right)$　　B. $\lim\limits_{n\to\infty}(-1)^n$

C. $\lim\limits_{n\to\infty}\left(1-\dfrac{1}{n}\right)$　　D. $\lim\limits_{n\to\infty}\left(1+\dfrac{(-1)^n}{n}\right)$

(2)函数 $f(x)=\dfrac{x^2-1}{x-1}(x\neq1)$,当 $x\to1$ 时的极限是什么？(　　)

A. 不存在　　B. 2　　C. 1　　D. 0

(3)函数 $f(x)=e^{-\frac{1}{x}}(x\neq0)$,当 $x\to0$ 时的极限是什么？(　　)

A. 0　　B. 不存在　　C. 1　　D. ∞

2. 填空题

(1)数列:$2,-\dfrac{3}{2},\dfrac{4}{3},-\dfrac{5}{4},\cdots$的通项是__________,数列的极限 = __________。

(2)数列:$2,\dfrac{1}{2},\dfrac{4}{3},\dfrac{3}{4},\dfrac{6}{5},\cdots$的通项是__________,数列的极限 = __________。

(3)设 $f(x)=\begin{cases}x-1, & x<1\\ 2, & x=1\\ x+2, & x>1\end{cases}$,则 $\lim\limits_{x\to1^-}f(x)=$__________,$\lim\limits_{x\to1^+}f(x)=$__________,

$\lim\limits_{x\to1}f(x)$__________。

(4)设 $f(x)=\begin{cases}-\dfrac{1}{2x-1}, & x<0\\ 0, & x=0\\ 2x, & x>0\end{cases}$,则 $\lim\limits_{x\to0^-}f(x)=$__________,$\lim\limits_{x\to0^+}f(x)=$__________,

$\lim\limits_{x\to0}f(x)=$__________。

3. 计算题

(1)设 $f(x)=\begin{cases}x^2-3x+1, & x\leqslant1\\ -x, & 1<x<2\\ 3x-8, & x\geqslant2\end{cases}$,求 $\lim\limits_{x\to-2}f(x)$、$\lim\limits_{x\to1}f(x)$、$\lim\limits_{x\to2}f(x)$、$\lim\limits_{x\to4}f(x)$。

(2) 求$\lim\limits_{x\to 0}\left(\dfrac{x^3-3x+1}{x-4}+1\right)$。

(3) 求$\lim\limits_{x\to 3}\dfrac{x^2+2x+1}{x^2-1}$。

拓展能力训练

计算题

(1) $\lim\limits_{n\to\infty}\left(\dfrac{1}{2}-\dfrac{3}{10}+\dfrac{1}{2^2}-\dfrac{3}{10^2}+\cdots+\dfrac{1}{2^n}-\dfrac{3}{10^n}\right)$；

(2) $\lim\limits_{n\to\infty}\left(\dfrac{1}{2\cdot 5}+\dfrac{1}{3\cdot 6}+\dfrac{1}{4\cdot 7}+\cdots+\dfrac{1}{(n+1)(n+4)}\right)$；

(3) $\lim\limits_{n\to\infty}\left(\dfrac{1}{1\cdot 2\cdot 3}+\dfrac{1}{2\cdot 3\cdot 4}+\cdots+\dfrac{1}{n(n+1)(n+2)}\right)$。

学习任务2 极限四则运算法则的应用

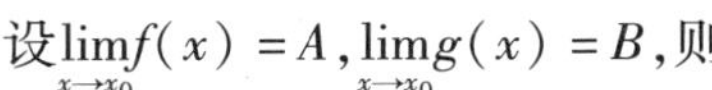

内容概要

设$\lim\limits_{x\to x_0}f(x)=A$，$\lim\limits_{x\to x_0}g(x)=B$，则

(1) $\lim\limits_{x\to x_0}[f(x)\pm g(x)]=\lim\limits_{x\to x_0}f(x)\pm\lim\limits_{x\to x_0}g(x)=A\pm B$；

(2) $\lim\limits_{x\to x_0}[f(x)\cdot g(x)]=\lim\limits_{x\to x_0}f(x)\cdot\lim\limits_{x\to x_0}g(x)=AB$；

(3) $\lim\limits_{x\to x_0}k\cdot f(x)=k\cdot\lim\limits_{x\to x_0}f(x)=kA$（$k$为常数）；

(4) $\lim\limits_{x\to x_0}\dfrac{f(x)}{g(x)}=\dfrac{\lim\limits_{x\to x_0}f(x)}{\lim\limits_{x\to x_0}g(x)}=\dfrac{A}{B}(B\neq0)$。

此法则对$x\to\infty$时也成立。

基本能力训练

1. 单项选择题

(1)下列哪个选项的极限存在？（　　）

A. $\lim\limits_{x\to\infty}\dfrac{x^2}{x^2-1}$　　B. $\lim\limits_{x\to0}\dfrac{1}{2^x-1}$

C. $\lim\limits_{x\to\infty}\sin x$　　D. $\lim\limits_{x\to0}e^{\frac{1}{x}}$

(2)若$\lim\limits_{x\to a}f(x)=\infty$，$\lim\limits_{x\to a}g(x)=\infty$，则下列哪个选项必成立？（　　）

A. $\lim\limits_{x\to a}[f(x)+g(x)]=\infty$　　B. $\lim\limits_{x\to a}[f(x)-g(x)]=0$

C. $\lim\limits_{x\to a}\dfrac{1}{f(x)+g(x)}=0$　　D. $\lim\limits_{x\to a}kf(x)=\infty$　（k为非零常数）

(3) $\lim\limits_{n\to\infty}\left(\dfrac{1}{n^2}+\dfrac{2}{n^2}+\cdots+\dfrac{n}{n^2}\right)$与下列哪个选项的极限相同？（　　）

A. $\lim\limits_{n\to\infty}\dfrac{1}{n^2}+\lim\limits_{n\to\infty}\dfrac{2}{n^2}+\cdots+\lim\limits_{n\to\infty}\dfrac{n}{n^2}=0+0+\cdots+0=0$

B. $\lim\limits_{n\to\infty}\dfrac{1+2+\cdots+n}{n^2}=\infty$

C. $\lim\limits_{n\to\infty}\dfrac{\frac{n(n+1)}{2}}{n^2}=\dfrac{1}{2}$　　D. 极限不存在

2. 填空题

(1) $\lim\limits_{x\to\infty}\dfrac{1+x-2x^3}{1-x^2+3x^3}=$ ________，$\lim\limits_{x\to\infty}\dfrac{x^2+3x+1}{2+x+2x^4}=$ ________；

(2) $\lim\limits_{x\to1}\dfrac{x^2-1}{x^2+2x-3}=$ ________；

(3) $\lim\limits_{n\to\infty}\dfrac{(n+1)(n+2)(n+3)}{5n^3}=$ ________；

(4) $\lim\limits_{n\to\infty}\dfrac{(n+2)^3+(2n+3)^3}{(n-1)(2n-1)(3n-2)}=$ ________；

(5) 若$\lim\limits_{x\to3}\dfrac{x^2-2x+k}{x-3}=4$，则 $k=$ ________。

3. 计算题

(1) 求下列极限：

① $\lim\limits_{x\to+\infty}\dfrac{3x^2-2}{\sqrt{1-x^2+x^4}}$；

② $\lim\limits_{x\to+\infty}(\sqrt{x+1}-\sqrt{x})$；

③ $\lim\limits_{x\to1}\left(\dfrac{1}{1-x}-\dfrac{3}{1-x^3}\right)$；

④ $\lim\limits_{x\to2}\dfrac{2-\sqrt{x+2}}{2-x}$；

⑤ $\lim\limits_{x\to+\infty}(\sqrt{x^2+x+1}-\sqrt{x^2-x+1})$；

⑥ $\lim\limits_{x\to+\infty}x(\sqrt{1+x^2}-x)$；

⑦ $\lim\limits_{x\to4}\dfrac{\sqrt{2x+1}-3}{\sqrt{x-2}-\sqrt{2}}$。

(2) 已知$\lim\limits_{x\to1}\dfrac{x^2+ax+b}{x-1}=3$，试求 a、b 的值。

拓展能力训练

1. 计算题

(1) $\lim\limits_{x\to\infty}\left(\sqrt{x+\sqrt{x+\sqrt{x}}}-\sqrt{x}\right)$；

(2) $\lim\limits_{n\to\infty}\left(1-\frac{1}{2^2}\right)\left(1-\frac{1}{3^2}\right)\cdots\left(1-\frac{1}{n^2}\right)$；

(3) 当 $|x|<1$ 时，$\lim\limits_{n\to\infty}(1+x)(1+x^2)(1+x^4)\cdots(1+x^{2^n})$。

2. 解答题

(1) 设 $\lim\limits_{x\to-1}\frac{x^3+ax^2-x+4}{x+1}$ 的极限为 b，试求 a、b。

(2) $\lim\limits_{x\to\infty}\left(\frac{x^2+1}{x+1}-ax-b\right)=0$，求 a、b 的值。

学习任务3 两个重要极限的应用

内容概要

(1) $\lim\limits_{x\to0}\dfrac{\sin x}{x}=1\quad\left(\dfrac{0}{0}\text{型}\right)$

推广：当 $x\to x_0(x\to\infty)$ 时，若 $\varphi(x)\to0$，则有 $\lim\limits_{\substack{x\to0\\(x\to\infty)}}\dfrac{\sin\varphi(x)}{\varphi(x)}=1$。

(2) $\lim\limits_{x\to0}(1+x)^{\frac{1}{x}}=\lim\limits_{x\to\infty}\left(1+\dfrac{1}{x}\right)^{x}=\mathrm{e}\qquad(1^{\infty}\text{型})$

推广：当 $x\to x_0(x\to\infty)$ 时，若 $\varphi(x)\to0$，则有 $\lim\limits_{\substack{x\to0\\(x\to\infty)}}[1+\varphi(x)]^{\frac{1}{\varphi(x)}}=\mathrm{e}$。

基本能力训练

1. 单项选择题

(1) 下列哪个选项的等式成立？（　　）

A. $\lim\limits_{x\to0}\left(1+\dfrac{1}{x}\right)^{x}=\mathrm{e}$　　B. $\lim\limits_{x\to0}(1-x)^{\frac{1}{x}}=\mathrm{e}$

C. $\lim\limits_{x\to0}\left(1+\dfrac{1}{x}\right)^{-x}=-\mathrm{e}$　　D. $\lim\limits_{x\to\infty}\left(1+\dfrac{1}{x}\right)^{x}=\mathrm{e}$

(2) 下列哪个选项的等式成立？（　　）

A. $\lim\limits_{x\to\infty}\dfrac{\sin x}{x}=1$　　B. $\lim\limits_{x\to\infty}x\sin\dfrac{1}{x}=1$

C. $\lim\limits_{x\to0}x\sin\dfrac{1}{x}=1$　　D. $\lim\limits_{x\to\infty}\dfrac{\sin\frac{1}{x}}{x}=1$

(3) 下列哪个选项的等式不成立？（　　）

A. $\lim\limits_{x\to0}\dfrac{\sin x}{x}=1$　　B. $\lim\limits_{x\to0}\dfrac{x}{\sin x}=1$

C. $\lim\limits_{x\to\infty}x\sin\dfrac{1}{x}=1$　　D. $\lim\limits_{x\to0}x\sin\dfrac{1}{x}=1$

2. 填空题

(1) $\lim\limits_{x\to0}\dfrac{x-\sin x}{x+\sin x}=$ ________，$\lim\limits_{x\to\infty}\dfrac{x-\sin x}{x+\sin x}=$ ________。

(2) $\lim\limits_{x \to 0}\frac{\sin 3x}{x}=$________，$\lim\limits_{x \to \infty}x\sin\frac{5}{x}=$________。

(3) $\lim\limits_{x \to \infty}\left(1+\frac{2}{x}\right)^{3x}=$________，$\lim\limits_{x \to 0}(1+4x)^{\frac{1}{x}}=$________。

3. 计算题

(1) $\lim\limits_{x \to 0}\frac{\sin 3x}{\sin 5x}$；

(2) $\lim\limits_{x \to 3}\frac{x^2-4x+3}{\sin(x-3)}$；

(3) $\lim\limits_{x \to \pi}\frac{\sin 3x}{x-\pi}$；

(4) $\lim\limits_{x \to \infty}\left(1-\frac{2}{x}\right)^{x}$；

(5) $\lim\limits_{x \to \infty}\left(\frac{x+1}{x}\right)^{3x+2}$；

(6) $\lim\limits_{x \to 0}(1-x)^{\frac{2}{x}}$。

拓展能力训练

(1) $\lim\limits_{x \to 0}\frac{1-\cos x}{x\sin x}$；

(2) $\lim\limits_{x \to 0}\frac{\sin 2x}{\sqrt{x+1}-1}$；

(3) $\lim\limits_{x\to 0^+}\dfrac{\sin ax}{\sqrt{1-\cos x}}(a\neq 0)$；

(4) $\lim\limits_{x\to\infty}\left(\dfrac{x+1}{x-2}\right)^{x}$；

(5) $\lim\limits_{x\to\infty}\left(\dfrac{3x+4}{3x-1}\right)^{x+1}$。

学习任务4 无穷小与无穷大

内容概要

1. 无穷小定义

若在自变量 x 的某一变化过程中，函数 $f(x)$ 的极限为零，则把函数 $f(x)$ 称为在自变量的这一变化过程中的无穷小量，简称无穷小。即 $\lim\limits_{\substack{x\to x_0\\(\text{或}x\to\infty)}} f(x)=0$。

2. 无穷小性质

(1)有界函数与无穷小的乘积是无穷小；

(2)有限个无穷小的代数和为无穷小；

(3)有限个无穷小的乘积为无穷小。

3. 无穷大定义

若在自变量 x 的某一变化过程中，函数 $f(x)$ 的绝对值无限增大，而且可以任意地大，则把函数 $f(x)$ 称为在自变量的这一变化过程中的无穷大量，简称无穷大。记作 $\lim\limits_{\substack{x\to x_0\\(\text{或}x\to\infty)}} f(x)=\infty$。

4. 无穷小与无穷大的倒数关系

在自变量的同一变化过程中，若 $f(x)$ 为无穷大，则 $\dfrac{1}{f(x)}$ 为无穷小；反之，若 $f(x)$ 为恒不为零的无穷小，则 $\dfrac{1}{f(x)}$ 为无穷大。

5. 无穷小的比较

定义：设在自变量 x 的同一变化过程中，$\alpha(x)$ 与 $\beta(x)$ 都是无穷小，且 $\lim\frac{\beta(x)}{\alpha(x)}=C$（$C$ 为常数），如果：

（1）$C=0$，则称 β 是较 α 的高阶无穷小，记作 $\beta=o(\alpha)$；

（2）$C\neq0$，则称 β 是 α 的同阶无穷小。特别地，若 $C=1$，则称 β 是 α 的等价无穷小，记作 $\beta\sim\alpha$。

基本能力训练

1. 单项选择题

（1）当 $x\to+\infty$ 时，下列哪个选项是无穷小？（　　）

A. $\sin x$　　B. $\cos x$　　C. $2^{\frac{1}{x}}$　　D. 2^{-x}

（2）当 $x\to0$ 时，下列哪个选项不是无穷小？（　　）

A. $\sin x$　　B. $\tan x$　　C. $\ln(1+x)$　　D. e^{x}

（3）当 $x\to1^{+}$ 时，下列哪个选项是无穷大？（　　）

A. 2^{1-x}　　B. $\ln(x-1)$　　C. $\frac{\sin(x-1)}{x^{2}-1}$　　D. e^{x-1}

2. 填空题

（1）$\lim\limits_{x\to\infty}\frac{2x^{2}+x}{3x^{4}-x+1}=$__________；$\lim\limits_{x\to\infty}\frac{x^{5}+x^{2}-x}{x^{4}-2x-1}=$__________。

（2）$\lim\limits_{x\to\infty}\left(\frac{5x^{2}}{1-x^{2}}+2^{\frac{1}{x}}\right)=$__________；$\lim\limits_{n\to\infty}\left(1+\frac{1}{3}+\frac{1}{9}+\cdots+\frac{1}{3^{n}}\right)=$__________。

（3）$\lim\limits_{x\to+\infty}\left(\frac{2^{x}-1}{4^{x}+1}\right)$__________；$\lim\limits_{x\to\infty}\frac{\arctan 2x}{x}=$__________。

3. 计算题

（1）$\lim\limits_{x\to2}\frac{x^{3}-2x^{2}}{(x-2)^{2}}$；

（2）$\lim\limits_{x\to\infty}\left(\frac{x^{3}}{2x^{2}-1}-\frac{x^{2}}{2x+1}\right)$；

(3) $\lim\limits_{x\to 0}\frac{\ln(1+2x)}{3x}$；

(4) $\lim\limits_{x\to\infty}\frac{(2x-1)^6(3x-2)^9}{(2x+1)^{15}}$；

(5) $\lim\limits_{x\to 0}\frac{\ln\sqrt{1+x}+2\sin x}{\tan x}$。

拓展能力训练

(1) $\lim\limits_{x\to\infty}\frac{x+3\sin x}{3x-2\cos x}$；

(2) $\lim\limits_{x\to\infty}\frac{x^2+1}{x^3+x}(3+\cos x)$；

(3) $\lim\limits_{x\to\infty}\frac{3x^2+5}{5x+3}\sin\frac{2}{x}$；

(4) $\lim\limits_{x\to+\infty}(\cos\sqrt{x+1}-\cos\sqrt{x})$；

(5) $\lim\limits_{x\to 0}\frac{\sqrt[m]{(1+x)^n}-1}{x}$。

学习单元三　函数的连续

学习任务1　连续、间断定义的理解及应用

内容概要

1. 函数的连续性定义

定义1：设函数 $y=f(x)$ 在 $N(x_0,\delta)$ 内有定义，若当自变量 x 在 x_0 处的改变量 Δx 趋近于零时，相应的函数改变量 $\Delta y=f(x_0+\Delta x)-f(x_0)$ 也趋近于零，则称函数 $y=f(x)$ 在点 x_0 处连续，称点 x_0 为函数 $y=f(x)$ 的连续点。

定义2：设函数 $y=f(x)$ 在 x_0 及左右近旁内有定义，若 $\lim\limits_{x\to x_0}f(x)=f(x_0)$，则称函数 $y=f(x)$ 在点 x_0 处连续。

2. 连续的三要素

(1)函数 $y=f(x)$ 在点 x_0 处有定义；

(2)当 $x\to x_0$ 时，$f(x)$ 的极限 $\lim\limits_{x\to x_0}f(x)$ 存在；

(3)极限值 $\lim\limits_{x\to x_0}f(x)$ 等于 $f(x_0)$。

3. 函数间断点定义

若函数 $y=f(x)$ 在点 x_0 处不连续，则称函数 $y=f(x)$ 在点 x_0 处间断，称点 x_0 为函数 $y=f(x)$ 的间断点。

4. 初等函数的连续性

(1)基本初等函数在定义域内都连续；

(2)一切初等函数在定义区间上都连续。

基本能力训练

1. 单项选择题

(1)函数 $f(x)$ 在点 x_0 连续的充要条件是什么？(　　)

A. $f(x_0)$ 存在　　B. $\lim\limits_{x\to x_0}f(x)=f(x_0)$　　C. $\lim\limits_{x\to x_0}f(x)$ 存在　　D. $\lim\limits_{x\to x_0}f(x_0)=0$

(2)函数$f(x)=\frac{\sin x}{x}+\frac{e^x}{x^2-3x+2}$在$(-\infty,+\infty)$内间断点的个数是多少？（　　）

A. 0　　B. 1　　C. 2　　D. 3

(3)设$f(x)=\begin{cases}\frac{\sin 2x}{x}, & x<0\\ a+x, & x\geqslant 0\end{cases}$,要使$f(x)$在$x=0$处连续,则$a$的值是什么？（　　）

A. 2　　B. 1　　C. 0　　D. -1

(4)设$f(x)=\begin{cases}\frac{1-x^2}{1+x}, & x\neq -1\\ A, & x=-1\end{cases}$,要使$f(x)$连续,则$A$的值是什么？（　　）

A. 1　　B. 2　　C. 0　　D. 3

(5)若极限$\lim\limits_{x\to x_0}f(x)$存在,则下列哪个选项是正确的？（　　）

A. 函数$f(x)$在点x_0处一定连续　　B. 函数$f(x)$在点x_0处有定义

C. 函数$f(x)$在$x\to x_0$时的左右极限相等　　D. $\lim\limits_{x\to x_0}f(x)=f(x_0)$

2. 填空题

(1)设$f(x)=\begin{cases}e^x, & x<0\\ a+x, & x\geqslant 0\end{cases}$,要使$f(x)$在$x=0$处连续,则$a=$______。

(2)设$f(x)=\begin{cases}a-x, & x<1\\ 2a+x, & x\geqslant 1\end{cases}$,要使$f(x)$在$x=1$处连续,则$a=$______。

(3)设$f(x)=\begin{cases}x+2, & x<3\\ a, & x=3\\ 2x-1, & x>3\end{cases}$,要使$f(x)$在$x=3$处连续,则$a=$______。

3. 解答题

(1)求函数$f(x)=\begin{cases}e^{-\frac{1}{x^2}}, & x\neq 0\\ 0, & x=0\end{cases}$的连续区间。

(2)求函数$f(x)=\begin{cases}\frac{\sin x}{|x|}, & x\neq 0\\ 1, & x=0\end{cases}$的连续区间。

(3)a、b 为何值时,函数 $f(x)=\begin{cases}2x, & x<1\\ ax^2+b, & 1\leqslant x\leqslant 2\\ 4x, & x>2\end{cases}$,在$(-\infty,+\infty)$内连续?

(4)求函数 $f(x)=\dfrac{x^3+3x^2-x-3}{x^2+x-6}$ 的连续区间和间断点,并指出间断点的类型。

拓展能力训练

解答题

(1)求函数 $f(x)=\begin{cases}\dfrac{1}{x}, & x<0\\ x^2, & 0\leqslant x\leqslant 1\\ 2x-1, & x>1\end{cases}$ 的连续区间,并指出间断点的类型。

(2)已知 $f(x)=\begin{cases}\dfrac{\ln(1+2x)}{\sqrt{1+x}-\sqrt{1-x}}, & -1\leqslant x<0\\ a, & x=0\\ x^2+b, & 0<x\leqslant 1\end{cases}$,求 a、b,使 $f(x)$ 在 $x=0$ 处连续。

(3)设$f(x)=\begin{cases}a+x^2, & x<0\\ 1, & x=0\\ \ln(b+x+x^2), & x>0\end{cases}$,若$f(x)$在$x=0$处连续,试确定$a$和$b$的值。

(4)已知$f(x)=\begin{cases}e^{\frac{1}{x}}+1, & x<0\\ a, & x=0\\ b+\arctan\frac{1}{x}, & x>0\end{cases}$在$x=0$处连续,求$a$与$b$的值。

学习任务2 闭区间上连续函数性质的应用

内容概要

1. 最大值、最小值定理

若函数$f(x)$在闭区间$[a,b]$上连续,则函数$f(x)$在区间$[a,b]$必然存在最大值与最小值。

2. 介值定理

设函数$y=f(x)$在区间$[a,b]$上连续,$f(a)=A$,$f(b)=B$,且$A\neq B$,则对于A与B之间的任何一个值C,在开区间(a,b)内至少存在一点ξ,使得

$$f(\xi)=C \quad (a<\xi<b)$$

3. 零点定理

设函数$y=f(x)$在区间$[a,b]$上连续,且$f(a)\cdot f(b)<0$,则在开区间(a,b)内至少存在一点ξ,使得$f(\xi)=0$。

基本能力训练

证明题

(1)证明方程 $x^3-9x-1=0$ 恰好有三个根。

(2)证明方程 $x^6-2x^5+5x^3+1=0$ 至少有一实根。

(3)证明方程 $x^3-4x^2+1=0$ 在区间 $(0,1)$ 内至少有一实根。

拓展能力训练

证明题

(1)设函数 $f(x)$ 在区间 $[a,b]$ 上连续，且 $f(a)<a$，$f(b)>b$。证明存在 $\xi\in(a,b)$，使得 $f(\xi)=\xi$。

(2)试证方程 $x = a\sin x + b$,其中 $a>0,b>0$,至少有一正根,并且它不大于 $a+b$。

(3)设 $f(x)$ 在 $[a,b]$ 上连续,且 $a<c<d<b$,证明在 (a,b) 内至少存在一个 ξ,使得 $pf(c)+qf(d)=(p+q)f(\xi)$,其中 p、q 为任意正常数。

第一阶段自测题

1. 单项选择题

(1)下列函数中哪个函数为单调减函数?(　　)

A. $y=\cos 2x(x\in R)$　　B. $y=\tan x\quad(x\in R)$

C. $y=\log_{\frac{1}{3}}x(x>0)$　　D. $y=\left(\frac{e}{2}\right)^{x}(x\in R)$

(2)函数 $f(x)=3^{-\frac{1}{x}}(x\neq 0)$,当 $x\to 0$ 时的极限是什么?(　　)

A. 0　　B. 不存在　　C. 1　　D. -1

(3)下列哪个选项的极限是存在的?(　　)

A. $\lim\limits_{x\to\infty}\frac{3x^2}{x^2-1}$　　B. $\lim\limits_{x\to 0}\frac{1}{4^x-1}$　　C. $\lim\limits_{x\to\infty}\cos x$　　D. $\lim\limits_{x\to 0}2^{\frac{1}{x}}$

(4)下列哪个选项的等式是不成立的?(　　)

A. $\lim\limits_{x\to 0}\left(1+\frac{1}{x}\right)^{-x}=-e$　　B. $\lim\limits_{x\to 0}\frac{x}{\sin x}=1$

C. $\lim\limits_{x\to\infty}x\sin\frac{1}{x}=1$　　D. $\lim\limits_{x\to 0}x\sin\frac{1}{x}=0$

(5)若函数 $f(x)$ 在点 x_0 连续,则下列哪个选项是不正确的?(　　)

A. $f(x_0)$ 存在　　B. $\lim\limits_{x\to x_0}f(x)=f(x_0)$

C. $\lim\limits_{x\to x_0}f(x)$ 存在　　D. $\lim\limits_{x\to x_0}f(x_0)=0$

2. 填空题

(1)已知$f(2x+1)=x^2+2x-3$,则$f(x)=$____________,$f(1-2x)=$____________。

(2)数列:$\frac{1}{3},\frac{3}{5},\frac{5}{7},\frac{7}{9},\cdots$的通项是____________,数列的极限=____________。

(3)$\lim\limits_{x\to\infty}\frac{2+x-3x^3}{3-x^2+4x^3}=$____________,$\lim\limits_{x\to\infty}\frac{2x^2+3x+1}{1+x-x^4}=$____________。

(4)设$f(x)=\begin{cases}2x+1, & x<0\\ 2, & x=0\\ x-2, & x>0\end{cases}$,则$\lim\limits_{x\to 0^-}f(x)=$____________,$\lim\limits_{x\to 0^+}f(x)=$____________,$\lim\limits_{x\to 0}f(x)$____________。

(5)$\lim\limits_{x\to 0}\frac{2x+3\sin x}{3x-\sin x}=$____________,$\lim\limits_{x\to\infty}\frac{3x-4\sin x}{2x+3\sin x}=$____________。

(6)$\lim\limits_{x\to -\pi}\frac{\sin 2x}{x+\pi}=$____________。

(7)$\lim\limits_{x\to\infty}\left(1+\frac{3}{x}\right)^{2x}=$____________。

(8)设$f(x)=\begin{cases}x+a, & x<3\\ 5, & x=3\\ bx-1, & x>3\end{cases}$,要使$f(x)$在$x=3$处连续,则$a=$________,$b=$________。

3. 计算题

(1)已知$f(x)=\frac{3}{2+x}$,求$f[f(x)]$的表示式及定义域。

(2)$\lim\limits_{x\to 1}\left(\frac{1}{x-1}+\frac{3}{1-x^3}\right)$。

(3)$\lim\limits_{x\to\infty}\left(\frac{x+1}{x+2}\right)^{3x}$。

(4)求数列$\frac{1}{2}+\frac{3}{2^2}+\frac{5}{2^3}+\frac{7}{2^4}+\cdots+\frac{2n-1}{2^n}+\cdots$的值。

(5)求函数$f(x)=\begin{cases}\frac{2}{x+1}, & x<0\\ x^2-2, & 0\leqslant x\leqslant 1\\ 1-2x, & x>1\end{cases}$的连续区间,并指出间断点的类型。

(6)用边长为 a 的正三角形铝皮制作一个正四面体,求体积 V 与边长 a 的关系。

4. 证明题

证明方程 $x^3-3x^2+3=0$ 在区间(1,2)内至少有一实根。

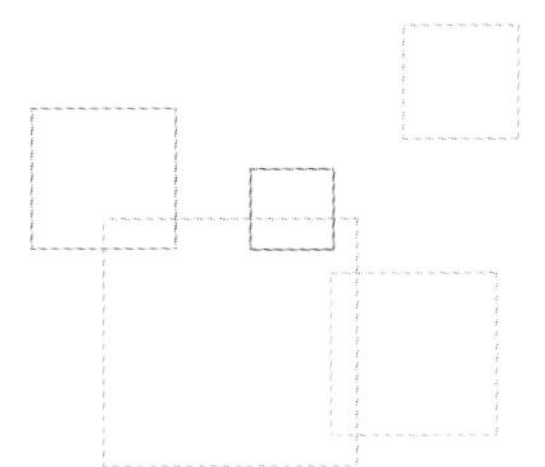

模块二

导数、微分及其应用

学习单元一　函数的导数

学习任务1　导数概念的理解

内容概要

1. 导数的概念

设函数 $y=f(x)$ 在点 x_0 的某一邻域内有定义，当自变量 x 在点 x_0 处有增量 $\Delta x(\Delta x\neq 0)$，$x_0+\Delta x$ 仍在该邻域内时，相应地，函数有增量 $\Delta y=f(x_0+\Delta x)-f(x_0)$，若极限

$$\lim_{\Delta x\to 0}\frac{\Delta y}{\Delta x}=\lim_{\Delta x\to 0}\frac{f(x_0+\Delta x)-f(x_0)}{\Delta x}$$

存在，则称 $f(x)$ 在点 x_0 处可导，并称此极限值为 $f(x)$ 在点 x_0 处的导数，记为 $f'(x_0)$，也可记为 $y'(x_0)$，$y'\big|_{x=x_0}$，$\dfrac{dy}{dx}\Big|_{x=x_0}$ 或 $\dfrac{df}{dx}\Big|_{x=x_0}$，即 $f'(x_0)=\lim\limits_{\Delta x\to 0}\dfrac{\Delta y}{\Delta x}=\lim\limits_{\Delta x\to 0}\dfrac{f(x_0+\Delta x)-f(x_0)}{\Delta x}$。

若极限不存在，则称 $y=f(x)$ 在点 x_0 处不可导。

若固定 x_0，令 $x_0+\Delta x=x$，则当 $\Delta x\to 0$ 时，有 $x\to x_0$，所以函数 $f(x)$ 在点 x_0 处的导数 $f'(x_0)$ 也可表示为

$$f'(x_0)=\lim_{x\to x_0}\frac{f(x)-f(x_0)}{x-x_0}。$$

2. 导数的几何意义

1) 曲线的切线

在曲线上点 M 的附近，再取一点 M_1，作割线 MM_1，当点 M_1 沿曲线移动而趋向于 M 时，若割线 MM_1 的极限位置 MT 存在，则称直线 MT 为曲线在点 M 处的切线。

2) 导数的几何意义

函数 $y=f(x)$ 在点 x_0 处的导数表示曲线 $y=f(x)$ 在点 $(x_0,f(x_0))$ 处的切线斜率。即 $k_{切}\big|_{x=x_0}=f'(x_0)$。

3. 可导与连续的关系

若函数 $y=f(x)$ 在点 x 处可导，则 $y=f(x)$ 在点 x 处一定连续。但反过来不一定成立，即在点 x 处连续的函数未必在点 x 处可导。

基本能力训练

1. 单项选择题

(1)设$\lim\limits_{x\to a}\dfrac{f(x)-f(a)}{x-a}=k$($k$为常数),则$k$的值是什么?(　　)

A. $f'(x)$　　B. $\dfrac{\mathrm{d}f(x)}{\mathrm{d}x}$　　C. $f'(a)$　　D. $f'(0)$

(2)$f'(x_0)$存在,则以下哪个选项的结论是错误的?(　　)

A. $f(x_0)$存在　　B. $\lim\limits_{x\to x_0}f(x)$存在

C. $\lim\limits_{x\to x_0}f(x)=f(x_0)$　　D. $\lim\limits_{x\to x_0}f(x)$不存在

(3)设$f(x)$在点x_0连续,则以下哪个选项的结论是错误的?(　　)

A. $f(x_0)$存在　　B. $f(x)$在x_0可导

C. $\lim\limits_{x\to x_0}f(x)$存在　　D. $\lim\limits_{x\to x_0}f(x)=f(x_0)$

(4)设$f'(x_0)=0$,关于曲线$y=f(x)$在点$(x_0,f(x_0))$处切线的,下列哪个选项的说法是正确的?(　　)

A. 不存在　　B. 与x轴平行或与x轴重合

C. 与x轴垂直　　D. 与x轴斜交

(5)设$f(x)=\cos\dfrac{\pi}{3}$,则$f'(x)$的值是什么?(　　)

A. $\sin\dfrac{\pi}{3}$　　B. $-\sin\dfrac{\pi}{3}$

C. $\dfrac{1}{2}$　　D. 0

(6)设$f(x)=\lg x$,则$f'(x)$的值是什么?(　　)

A. $\dfrac{1}{x}$　　B. $\dfrac{1}{x}\ln10$　　C. $\dfrac{1}{x\ln10}$　　D. $\dfrac{1}{x}\lg10$

2. 填空题

(1)设质点运动规律为$s=t^3$(m),则质点在$t=2$s的速度为__________。

(2)自由落体运动$s=\dfrac{1}{2}gt^2$($g=9.8\text{m/s}^2$)。则在从$t=5$到$5+\Delta t$时间区间内运动的平均速度(设$\Delta t=1$s,-0.1s,0.001s),分别为__________;落体在5s末的瞬时速度为__________;落体在任意时刻t的瞬时速度为__________。

(3)曲线$y=\sin x$在点$x=\pi$处的切线斜率为__________,切线方程为__________,法线方程为__________。

拓展能力训练

单项选择题

(1)已知函数$f(x)=2x^3$,则$\lim\limits_{\Delta x\to 0}\dfrac{f(2-3\Delta x)-f(2)}{\Delta x}$的值是什么?(　　)

A. -24　　B. 24　　C. -72　　D. 72

(2)若$f(x)$在x_0处可导,下列式子中,

①$\lim\limits_{\Delta x\to 0}\dfrac{f(x_0+\Delta x)-f(x_0)}{\Delta x}$;　②$\lim\limits_{\Delta x\to 0}\dfrac{f(x_0)-f(x_0-\Delta x)}{\Delta x}$;

③$\lim\limits_{\Delta x\to 0}\dfrac{f(x_0+2\Delta x)-f(x_0)}{\Delta x}$;　④$\lim\limits_{\Delta x\to 0}\dfrac{f(x_0+\Delta x)-f(x_0-\Delta x)}{\Delta x}$。

等于$f'(x_0)$的是什么?(　　)

A. ①和③　　B. ①和②　　C. ②和③　　D. ②和④

学习任务2　函数和、差、积、商求导法则的应用

内容概要

1. 函数的和、差、积、商的求导法则

若函数$u(x)$、$v(x)$在点x处可导,则

(1)$[u(x)\pm v(x)]'=u'(x)\pm v'(x)$;

(2)$[u(x)v(x)]'=u'(x)v(x)+u(x)v'(x)$,特别地,$[C\cdot u(x)]'=C\cdot u'(x)$($C$为常数)。

(3)$\left[\dfrac{u(x)}{v(x)}\right]'=\dfrac{u'(x)v(x)-u(x)v'(x)}{v^2(x)}$　$(v(x)\neq 0)$,特别地,

$\left[\dfrac{1}{v(x)}\right]'=-\dfrac{v'(x)}{v^2(x)}$　$(v(x)\neq 0)$。

2. 基本初等函数的导数公式

(1)$(C)'=0$(C为常数);

(2)$(x^\alpha)'=\alpha x^{\alpha-1}$;

(3)$(\alpha^x)'=a^x\ln a$,特别地$(e^x)'=e^x$;

(4)$(\log_a x)'=\dfrac{1}{x\ln a}$,特别地$(\ln x)'=\dfrac{1}{x}$;

(5)$(\sin x)'=\cos x$;

(6)$(\cos x)'=-\sin x$;

(7) $(\tan x)'=\sec^2 x=\dfrac{1}{\cos^2 x}$；

(8) $(\cot x)'=-\csc^2 x=-\dfrac{1}{\sin^2 x}$；

(9) $(\arcsin x)'=\dfrac{1}{\sqrt{1-x^2}}$；

(10) $(\arccos x)'=-\dfrac{1}{\sqrt{1-x^2}}$；

(11) $(\arctan x)'=\dfrac{1}{1+x^2}$；

(12) $(\operatorname{arccot} x)'=-\dfrac{1}{1+x^2}$。

基本能力训练

1. 求下列函数在给定点的导数

(1) $f(x)=\dfrac{1}{\sqrt[3]{x^2}}+\dfrac{1}{x\sqrt{x}}-1$，求 $f'(1)$；

(2) $y=\cos x\sin x$，求 $y'\big|_{x=\frac{\pi}{4}}$；

(3) $f(t)=\dfrac{1-t}{1+t}$，求 $f'(0)$。

2. 求下列函数的导数

(1) $y=2x^2-\dfrac{1}{x}+3$；

(2) $f(x)=3^x+x^3+\sqrt[3]{x}-\dfrac{1}{\sqrt[3]{x}}$；

(3) $y=\dfrac{x^5-\sqrt{x}-1}{x^4}$；

(4) $y=\ln\dfrac{1}{x}-\ln 2$；

(5) $y=(1+2x)^2$；

(6) $y=x\cdot 2^x$；

(7) $y=(x^2+1)(3x-1)$；

(8) $y=x\arcsin x$；

(9) $f(x)=\dfrac{x\ln x}{\cos x}$；

(10) $y=\dfrac{1+\ln x}{1-\ln x}$。

拓展能力训练

1. 求下列函数的导数

(1) $y=\dfrac{1}{1+x+x^2}$；

(2) $f(x)=x\arcsin x+\sqrt{x}\arctan x$；

(3) $f(t)=\dfrac{1}{1+\sqrt{t}}-\dfrac{1}{1-\sqrt{t}}$；

(4) $y=\dfrac{\cot x}{1+\sqrt{x}}$；

(5) $y=\dfrac{2-x}{(1-x)(1+x^2)}$。

2. 求下列函数在给定点处的导数

(1) $f(x)=\dfrac{3}{5-x}+\dfrac{x^2}{5}$，求 $f'(0)$；

(2) $y=x\sin x+\dfrac{1}{2}\cos x$，求 $\left.\dfrac{\mathrm{d}y}{\mathrm{d}x}\right|_{x=\frac{\pi}{4}}$；

(3) $f(t)=\dfrac{1-\sqrt{t}}{1+\sqrt{t}}$，求 $f'(4)$；

(4) $y=\dfrac{1-\cos x}{1+\cos x}$，求 $y'\big|_{x=\frac{\pi}{2}}$；

(5) $f(x)=a_nx^n+a_{n-1}x^{n-1}+\cdots+a_1x+a_0$，求 $f'(0)$。

学习任务3 复合函数求导法则的应用

内容概要

1. 复合函数求导法则

设函数 $y=f(u)$、$u=\varphi(x)$，则复合函数 $y=f[\varphi(x)]$ 的导数为 $\dfrac{\mathrm{d}y}{\mathrm{d}x}=\dfrac{\mathrm{d}y}{\mathrm{d}u}\cdot\dfrac{\mathrm{d}u}{\mathrm{d}x}$。

2. 说明

利用复合函数求导法，首先，必须熟记基本的求导公式；其次，对求导公式 $\dfrac{\mathrm{d}y}{\mathrm{d}x}=\dfrac{\mathrm{d}y}{\mathrm{d}u}\cdot\dfrac{\mathrm{d}u}{\mathrm{d}x}$ 必须弄清每一项是对哪个变量求导，如 $\{f[\varphi(x)]\}'$ 表示函数 $f[\varphi(x)]$ 对自变量 x 的导数，即 $\{f[\varphi(x)]\}'=\dfrac{\mathrm{d}f[\varphi(x)]}{\mathrm{d}x}$。$f'[\varphi(x)]$ 表示函数 $f[\varphi(x)]$ 对函数 $\varphi(x)$ 的导数，即 $f'[\varphi(x)]=\dfrac{\mathrm{d}f[\varphi(x)]}{\mathrm{d}\varphi(x)}$。

基本能力训练

1. 单项选择题

(1)下列函数中哪个的导数不等于$\frac{1}{2}\sin 2x$？(　　)

A. $\frac{1}{2}\sin^2 x$　　B. $\frac{1}{4}\cos 2x$

C. $-\frac{1}{2}\cos^2 x$　　D. $1-\frac{1}{4}\cos 2x$

(2)函数$f(x)=e^{-2x}$,则$f'(x)\big|_{x=1}$是什么？(　　)

A. e^{-2}　　B. e^2　　C. $2e^{-2}$　　D. $-2e^{-2}$

(3)设$f(x)=\sin\frac{1}{x}$,则$f'(x)$是什么？(　　)

A. $\cos\frac{1}{x}$　　B. $\frac{1}{x^2}\cos\frac{1}{x}$　　C. $\frac{1}{x}\cos\frac{1}{x}$　　D. $-\frac{1}{x^2}\cos\frac{1}{x}$

(4)设$f(x)=\arctan\frac{1}{x}$,则$f'\left(\frac{1}{x}\right)$是什么？(　　)

A. $\frac{1}{1+x^2}$　　B. $\frac{x^2}{1+x^2}$　　C. $-\frac{1}{1+x^2}$　　D. $-\frac{x^2}{1+x^2}$

2. 求下列函数的导数

(1)$y=(1+5x)^{10}$;　　(2)$y=\sqrt{1-x}$;

(3)$y=\frac{1}{\sqrt{1-x}}$;　　(4)$y=\ln(1+2x)$;

(5)$y=\sin x^2$;　　(6)$y=\ln\cos x$;

(7) $y=(1-x^2)^7$；

(8) $y=e^{x^2}$；

(9) $s=3\sin\left(2t+\frac{\pi}{3}\right)$；

(10) $y=\arctan\sqrt{x}$；

(11) $y=\cos^3 x+\cos 3x$；

(12) $y=\sec x^2$；

(13) $y=\frac{1}{\cos^3 x}$；

(14) $y=\sqrt{1-x^2}$；

(15) $y=x^2\sin\frac{1}{x}$。

拓展能力训练

1. 求下列函数的导数

(1) $y=\cos^2(1-x)$；

(2) $y=\ln\left(x+\sqrt{x^2-1}\right)$；

(3) $y=\ln\ln\ln x$;

(4) $y=\frac{\cos 2x}{x^2}$;

(5) $y=\frac{1+\cos^2 x}{\sin x^2}$;

(6) $y=\sqrt{1+\tan\left(x+\frac{1}{x}\right)}$;

(7) $y=(x+\sin^2 x)^4$;

(8) $y=\frac{\sqrt{1+x}-\sqrt{1-x}}{\sqrt{1+x}+\sqrt{1-x}}$。

2. 试分别求下列函数的 $f'[f(x)]$

(1) $f(x)=\sin x$;

(2) $f(x)=x^2$。

3. 设 $f(x)$ 对 x 可导，求 $\frac{\mathrm{d}y}{\mathrm{d}x}$

(1) $y=f(x^2)$;

(2) $y=f(\mathrm{e}^x)\mathrm{e}^{f(x)}$;

(3) $y=f[f(x)]$;

(4) $y=f(\sin^2 x)+f(\cos^2 x)$。

学习任务4 隐函数求导法则的应用

内容概要

1. 隐函数的导数

假设由方程 $F(x,y)=0$ 所确定的函数为 $y=y(x)$，利用复合函数求导法则，在方程 $F(x,y)=0$ 两边同时对自变量 x 求导，再解出所求导数 $\frac{dy}{dx}$，这种方法称为隐函数求导法。

2. 对数求导法

对函数先在函数两边取对数，然后在等式两边同时对自变量 x 求导，最后解出所求导数。这种方法称为对数求导法。这种方法对幂指函数、多个函数连乘及乘方开方时，运用非常有效。

基本能力训练

1. 单项选择题

(1) 设 $x^2+y^2=1$，则 $\frac{dy}{dx}$ 是什么？（　　）

A. $\frac{x}{y}$　　B. $-\frac{x}{y}$　　C. $\frac{x^2}{y^2}$　　D. $-\frac{x^2}{y^2}$

(2) 设 $x=e^y$，则 $\frac{dy}{dx}$ 是什么？（　　）

A. $-\frac{1}{x}$　　B. $\frac{1}{x}$　　C. xe^y　　D. xe^{-y}

(3) 设 $x^2=\sin y$，则 $\frac{dy}{dx}$ 是什么？（　　）

A. $\frac{2x}{\sin y}$　　B. $\frac{2x}{\cos y}$　　C. $\frac{x^2}{\sin y}$　　D. $\frac{x^2}{\cos y}$

(4) 设 $\ln y=x^2$，则 $\left.\frac{dy}{dx}\right|_{x=1}$ 是什么？（　　）

A. -2　　B. 2　　C. $2e$　　D. $-2e$

2. 求由下列方程所确定的函数的导数 y'

(1) $xy+e^x-e^y=0$；

(2) $x^2+y^2-xy=1$；

(3) $y=x+\ln y$；

(4) $y=\sin(x+y)$。

3. 求下列函数的导数 y'

(1) $y=(1+x^2)^{\sqrt{x}}$；

(2) $y=(x-1)\cdot\sqrt[3]{(3x+1)^2(2-x)}$。

拓展能力训练

1. 求椭圆上 $\frac{x^2}{4}+\frac{y^2}{3}=1$ 上一点 $P\left(1,\frac{3}{2}\right)$ 处的切线方程和法线方程。

2. 已知一圆的半径以速率 a 增加，求当半径为 b 时面积增加的速率。

学习任务5 高阶导数定义的理解及应用

内容概要

1. 二阶导数的概念

函数 $y=f(x)$ 的一阶导数 $y'=f'(x)$ 仍然是 x 的函数，则将一阶导数 $f'(x)$ 的导数 $(f'(x))'$ 称为函数 $y=f(x)$ 的二阶导数，记为 $f''(x)$ 或 y'' 或 $\frac{d^2y}{dx^2}$，即 $y''=(y')'$ 或 $\frac{d^2y}{dx^2}=\frac{d}{dx}\left(\frac{dy}{dx}\right)$。

2. n 阶导数的概念

$(n-1)$ 阶导数的导数称为 n 阶导数（$n=3,4,\cdots,n-1,n$）分别记为 $f'''(x)$，$f^{(4)}(x)$，$\cdots$，$f^{(n-1)}(x)$，$f^{(n)}(x)$，或 y'''，$y^{(4)}$，$\cdots$，$y^{(n-1)}$，$y^{(n)}$，或 $\frac{d^3y}{dx^3}$，$\frac{d^4y}{dx^4}$，$\cdots\frac{d^{n-1}y}{dx^{n-1}}$，$\frac{d^ny}{dx^n}$。二阶及二阶以上的导数称为高阶导数。

基本能力训练

1. 填空题

(1) 已知一质点的运动方程是 $s=3\sin\left(4t+\frac{\pi}{6}\right)$，则该质点运动的加速度 $a=$________。

(2) 若函数 $y=\cos x$，则 $\frac{d^3y}{dx^3}=$________。

(3) 已知 $f(x)=a_nx^n+a_{n-1}x^{n-1}+\cdots+a_1x+a_0$，则 $f^{(n)}(1)=$________。

2. 计算题

(1) 求函数 $y=x\cos x$ 的二阶导数。

(2) 设 $y=e^{2x}$，求 $y^{(n)}$。

拓展能力训练

1. 验证函数 $y=C_1e^{\lambda x}+C_2e^{-\lambda x}$（$\lambda$、$C_1$、$C_2$ 是常数）满足关系式 $y''-\lambda^2y=0$。

2. 设 $y=\dfrac{1}{1+x}$，求 $y^{(n)}$。

3. 设 $y^2+xy-2x=0$，求 y''。

4. 如果一个容器中的水量 w 随着时间的增加而增加，但增加量越来越小，则 $\dfrac{dw}{dt}$、$\dfrac{d^2w}{dt^2}$ 的正、负符号分别是什么？

学习单元二　函数的微分

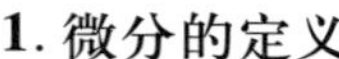

函数微分的求解

内容概要

1. 微分的定义

如果函数 $y=f(x)$ 在点 x 处的改变量 $\Delta y=f(x+\Delta x)-f(x)$，可以表示成

$$\Delta y=A\Delta x+o(\Delta x)$$

其中 $o(\Delta x)$ 是比 $\Delta x(\Delta x\to 0)$ 高阶的无穷小，则称函数 $y=f(x)$ 在点 x 处可微，称 $A\Delta x$ 为 Δy 的线性主部，又称 $A\Delta x$ 为函数 $y=f(x)$ 在点 x 处的微分，记为 $\mathrm{d}y$ 或 $\mathrm{d}f(x)$，即 $\mathrm{d}y=A\Delta x$。

2. 微分的计算

$\mathrm{d}f(x)=f'(x)\mathrm{d}x$，其中 $\mathrm{d}x=\Delta x$，x 为自变量。

3. 一阶微分形式不变性

对于函数 $f(u)$，不论 u 是自变量还是因变量，总有 $\mathrm{d}f(u)=f'(u)\mathrm{d}u$ 成立。

4. 基本初等函数的微分公式

(1) $\mathrm{d}C=0$　（C 为常数）；

(2) $\mathrm{d}(x^{\mu})=\mu x^{\mu-1}\mathrm{d}x$　（μ 为实数）；

(3) $\mathrm{d}(a^x)=a^x\ln a\mathrm{d}x$，特别地 $\mathrm{d}(\mathrm{e}^x)=\mathrm{e}^x\mathrm{d}x$；

(4) $\mathrm{d}(\log_a x)=\dfrac{1}{x\ln a}\mathrm{d}x$，特别地 $\mathrm{d}(\ln x)=\dfrac{1}{x}\mathrm{d}x$；

(5) $\mathrm{d}(\sin x)=\cos x\mathrm{d}x$；

(6) $\mathrm{d}(\cos x)=-\sin x\mathrm{d}x$；

(7) $\mathrm{d}(\tan x)=\sec^2 x\mathrm{d}x=\dfrac{1}{\cos^2 x}\mathrm{d}x$；

(8) $\mathrm{d}(\cot x)=-\csc^2 x\mathrm{d}x=-\dfrac{1}{\sin^2 x}\mathrm{d}x$；

(9) $\mathrm{d}(\arcsin x)=\dfrac{1}{\sqrt{1-x^2}}\mathrm{d}x$；

(10) $\mathrm{d}(\arccos x)=-\dfrac{1}{\sqrt{1-x^2}}\mathrm{d}x$；

(11) $d(\arctan x)=\dfrac{1}{1+x^2}dx$；

(12) $d(\text{arccot}x)=-\dfrac{1}{1+x^2}dx$。

5. 微分法则

若函数 $u(x)$、$v(x)$ 在点 x 处可微，则

(1) $d[u(x)\pm v(x)]=du(x)\pm dv(x)$；

(2) $d[u(x)v(x)]=v(x)du(x)+u(x)dv(x)$，特别有 $d[Cu(x)]=Cdu(x)$　（C 为任意常数）；

(3) $d\left[\dfrac{u(x)}{v(x)}\right]=\dfrac{v(x)du(x)-u(x)dv(x)}{v^2(x)}$　$(v(x)\neq 0)$。

基本能力训练

1. 填空题

(1) $d\ln x^2=$ ________ $dx^2=$ ________ dx；

(2) $de^{\cos x}=$ ________ $d\cos x=$ ________ dx；

(3) $d\sin\dfrac{1}{x}=$ ________ $d\dfrac{1}{x}=$ ________ dx；

(4) $d\sin^n x=$ ________ $d\sin x=$ ________ dx；

(5) d ________ $=\dfrac{1}{x}dx$；　　(6) d ________ $=\dfrac{1}{\sqrt{x}}dx$；

(7) d ________ $=\left(1+\dfrac{1}{x}\right)dx$；　　(8) d ________ $=\cos x dx$；

(9) d ________ $=\sin x dx$；

(10) d ________ $=\dfrac{1}{1+x^2}d(1+x^2)=$ ________ dx；

(11) d ________ $=e^{\frac{1}{x}}d\dfrac{1}{x}=$ ________ dx。

2. 计算题

(1) 若函数 $y=x^2+1$，在 $x=1$ 处，$\Delta x=0.01$，试计算 dy、Δy 及 $\Delta y-dy$。

(2)设 $y=(x^2+2x)(x-4)$,求 $\mathrm{d}y$。

(3)设 $y=\arcsin(2x^2-1)$,求 $\mathrm{d}y$。

(4)$y=2\ln^2 x+x$,求 $\mathrm{d}y$。

(5)设 $y=\mathrm{e}^{\arctan\sqrt{x}}$,求 $\mathrm{d}y$。

(6)设 $y=\sqrt{2-x^2}$,求 $\mathrm{d}y\big|_{x=1}$。

(7)设 $y=(\ln x)^2$,求 $\mathrm{d}y$。

(8)设 $y=\dfrac{x^3+1}{x^3-1}$,求 $\mathrm{d}y$。

拓展能力训练

计算题

(1)设 $y=\ln(1+\mathrm{e}^{10x})+\mathrm{arccot}\,\mathrm{e}^{5x}$,求 $\mathrm{d}y\big|_{\substack{x=0\\ \mathrm{d}x=0.1}}$。

(2)已知 $\arctan\dfrac{x}{y}=\ln\sqrt{x^2+y^2}$求 $\mathrm{d}y$。

学习任务2　微分的运用

内容概要

1. 微分进行近似计算的理论依据

对于函数 $y=f(x)$，若在点 x_0 处可导且导数 $f'(x_0)\neq 0$，则当 $|\Delta x|$ 很小时，有函数的增量近似等于函数的微分，即有近似公式 $\Delta y\approx \mathrm{d}y$。

2. 常用的近似计算公式（$|x|$很小）

$$\sin x\approx x;\tan x\approx x;\ln(1+x)\approx x;\mathrm{e}^x\approx 1+x;\frac{1}{1+x}\approx 1-x;\sqrt[n]{1+x}\approx 1+\frac{1}{n}x$$

3. 绝对误差和相对误差

如果某个量的精确值为 A，它的近似值为 a，那么 $|A-a|$ 称为 a 的绝对误差，而绝对误差 $|A-a|$ 与 $|a|$ 的比值 $\frac{|A-a|}{|a|}$ 称为 a 的相对误差。

基本能力训练

1. 利用微分计算 $\sin 30°30'$ 的近似值。

2. 电容器充电过程中，电容器的电压与时间的关系为：

$$U_{\mathrm{c}}=E(1-\mathrm{e}^{-\frac{1}{RC}})$$

其中 E、R、C 均为常数。当充电时间 t 相对 R、C 很小时，给出 U_{c} 近似计算公式。

3. 计算球体体积时，要求精确度在 2% 以内。问这时测量直径 D 的相对误差不能超过多少？

第二阶段自测题

1. 单项选择题

(1)某物体运动时,其路程 s 与时间 t(单位:s)的函数关系是 $s=2(1-t)^2$,则它在 $t=2s$ 时的瞬时速度是什么?(　　)

A. 4　　B. $4+\Delta t$　　C. $4+2\Delta t$　　D. 2

(2)设 $y=2^x+\lg e$,则 dy 是什么?(　　)

A. $x\cdot 2^{x-1}dx$　　B. $\left(x\cdot 2^{x-1}+\frac{1}{e}\right)dx$　　C. $\left(2^x\ln 5+\frac{1}{e}\right)dx$　　D. $2^x\ln 2dx$

(3)已知四个函数:$f(x)=x^2$,$f(x)=\frac{1}{x}$,$f(x)=\sqrt{x}$,$f(x)=|x|$,则 $f'(0)$ 存在的个数是多少?(　　)

A. 0　　B. 1　　C. 2　　D. 3

(4)$\frac{d\cos x^2}{dx^2}$等于什么?(　　)

A. $\sin(x^2)$　　B. $-\sin(x^2)$　　C. $2x\sin(x^2)$　　D. $-2x\sin(x^2)$

(5)设 $y=3^{\sin x}$,则 y'是什么?(　　)

A. $3^{\sin x}\ln 3$　　B. $3^{\sin x}\cos x$　　C. $3^{\sin x}\cos x\ln 3$　　D. $3^{\sin x-1}\sin x$

(6)设 $y=e^x+e^{-x}$则 $y^{(n)}$ 是什么?(　　)

A. e^x+e^{-x}　　B. e^x-e^{-x}　　C. $e^x+(-1)^n e^{-x}$　　D. $e^x+(-1)^{n-1}e^{-x}$

2. 填空题

(1)设函数 $f(x)=x^2-1$,计算:

①当自变量 x 由 1 变到 1.1 时,自变量的增量 Δx ________;

②当自变量 x 由 1 变到 1.1 时,函数的增量 Δy ________;

③当自变量 x 由 1 变到 1.1 时,函数的平均变化率________;

④函数在 $x=1$ 处的变化率________。

(2)如果函数 $y=f(x)$ 在点 x_0 处的导数分别为:

①$f'(x_0)=0$,则函数的图像在对应点处的切线的倾斜角为:________;

②$f'(x_0)=-1$,则函数的图像在对应点处的切线的倾斜角为:________。

(3)物体的运动方程为 $s=\sin\left(t-\frac{\pi}{6}\right)$,则该物体在时刻 t 的加速度 $a=$________。

(4)若 $y=\tan x$,则 $y'\big|_{x=\pi}=$________。

(5)若 $f(x)=2^{x-1}-\log_2(1-x)$,则 $f'(0)=$________。

(6)若 $f(x)=x^2$,则 $\lim\limits_{x\to 1}\frac{f(x)-f(1)}{x-1}=$________。

(7)设 $y=f(x)=e^{\sin^2 x}$,则$\frac{dy}{d(\sin^2 x)}=$____________。

(8)当$|x|$很小时,$\sin x\approx$____________。

(9)曲线 $y=\sin x$ 在点 $A\left(\frac{\pi}{6},\frac{1}{2}\right)$处的切线方程为____________。

3. 计算题

(1)求下列函数在指定点的导数

①设$f(x)=3x^4+2x^3+5$,求$f'(0)$;

②设$f(x)=\frac{x}{\cos x}$,求$f'(\pi)$。

(2)求下列函数的导数

①$y=x^n+nx$;

②$y=e^{x+1}$;

③$y=(x^3-1)^3$;

④$y=x\sqrt{1-x^2}$;

⑤$y=\frac{\sqrt{x+2}(3-x)^4}{(x+1)^5}$;

⑥$y=x^x$。

(3)求下列函数的微分

①$y=x\ln x-x$;

②$y=[\ln(1-x)]^2$;

③$y=\sin^2 x$；　　　　④$y=\dfrac{x}{1-x^2}$。

(4)求由方程 $y=1-xe^y$ 所确定的隐函数 y 的导数$\dfrac{dy}{dx}$。

(5)求曲线$\begin{cases}x=2e^t\\ y=e^{-t}\end{cases}$,在 $t=0$ 相应点处的切线方程及法线方程。

4. 应用题

测得一张圆形盘片的半径为24cm,已知最大可能的测量误差是0.2cm。问：

(1)利用微分估计在计算圆盘面积时的最大误差？

(2)相对误差是多少？

学习单元三　导数的应用

学习任务1　微分中值定理的应用

内容概要

1. 拉格朗日中值定理

如果函数$f(x)$满足下列条件：

(1)在闭区间$[a,b]$上连续；

(2)在开区间(a,b)内可导。

那么在区间(a,b)内至少有一点$\xi(a<\xi<b)$，使等式$f(b)-f(a)=f'(\xi)(b-a)$。

2. 罗尔定理

如果函数$f(x)$满足下列条件：

(1)在闭区间$[a,b]$上连续；

(2)在开区间(a,b)内可导；

(3)$f(a)=f(b)$。

那么在区间(a,b)内至少有一点$\xi(a<\xi<b)$，使等式$f'(\xi)=0$。

基本能力训练

1. 单项选择题

(1)函数$f(x)=\dfrac{x+1}{x}$在区间$[1,2]$上满足拉格朗日中值定理的ξ是什么？(　　)

A. $\sqrt{2}$　　B. $-\sqrt{2}$　　C. $\dfrac{1}{\sqrt{2}}$　　D. $-\dfrac{1}{\sqrt{2}}$

(2)下列各函数在给定区间上满足拉格朗日中值定理的是什么？(　　)

A. $y=|x|,[-1,1]$　　B. $y=\dfrac{1}{x},[1,2]$

C. $y=\sqrt[3]{x^2},[-1,1]$　　D. $y=\dfrac{x}{1-x^2},[-2,2]$

2. 证明题

(1)设$f(x)=(x-1)(x-2)(x-3)$,证明方程$f'(x)=0$有两个实根,并指出它们所在的区间。

(2)证明恒等式 $\arcsin x+\arccos x=\frac{\pi}{2}(-1\leqslant x\leqslant 1)$。

拓展能力训练

证明题

(1)试用拉格朗日定理证明:$|\sin b-\sin a|\leqslant|b-a|$。

(2)当$x>0$时,证明不等式:$\frac{x}{1+x}<\ln(1+x)<x$。

学习任务2 洛必达法则的应用

内容概要

如果函数$f(x)$和$g(x)$满足下列条件：

(1)$\lim\limits_{x\to x_0}f(x)=0$，$\lim\limits_{x\to x_0}g(x)=0$；

(2)在x_0的某邻域内（点x_0本身可除外）可导，且$g'(x)\neq 0$；

(3)$\lim\limits_{x\to x_0}\dfrac{f'(x)}{g'(x)}=A$（或$\infty$）；

则$\lim\limits_{x\to x_0}\dfrac{f(x)}{g(x)}=\lim\limits_{x\to x_0}\dfrac{f'(x)}{g'(x)}=A$（或$\infty$）。

说明：(1)这个定理告诉我们，当$x\to x_0$时，$\dfrac{0}{0}$型未定式的值在符合定理条件下，可以通过分子、分母分别求导，再求极限而确定；

(2)定理只对$x\to x_0$时进行了描述，对于x的其他变化趋势也成立；

(3)$\dfrac{\infty}{\infty}$型未定式极限也有类似于$\dfrac{0}{0}$型未定式极限的洛必达法则；

(4)洛必达法则不是万能的，在某些特殊情形下转化为洛必达法则可能失效，需另寻其他方法。

基本能力训练

1. 单项选择题

(1)$\lim\limits_{x\to\infty}\dfrac{x^2+x-3}{2x^2+x+4}$的值是什么？(　　)

A. 1　　B. $\dfrac{1}{2}$　　C. 0　　D. ∞

(2)下列极限式中，哪个选项能够用洛必达法则？(　　)

A. $\lim\limits_{x\to 0}\dfrac{x+\cos x}{x}$　　B. $\lim\limits_{x\to\infty}\dfrac{x^2\sin\frac{1}{x}}{\sin x}$　　C. $\lim\limits_{x\to 0}\dfrac{x+\cos x}{x+\sin x}$　　D. $\lim\limits_{x\to\infty}\dfrac{\sqrt{x}+1+x^2}{\sqrt{x}}$

(3)对于$\lim\limits_{x\to\infty}\dfrac{\arctan x}{x}=\lim\limits_{x\to\infty}\dfrac{(\arctan x)'}{(x)'}=\lim\limits_{x\to\infty}\dfrac{1}{1+x^2}=0$，下面哪个选项是正确的？(　　)

A. 正确　　B. 错误，因为$\lim\limits_{x\to\infty}\dfrac{\arctan x}{x}$不存在

C. 错误，因为 $\lim\limits_{x\to\infty}\dfrac{\arctan x}{x}$不是$\dfrac{\infty}{\infty}$型　　D. 错误，因为 $\lim\limits_{x\to\infty}\dfrac{\arctan x}{x}$不等于零

(4) $\lim\limits_{x\to 0}\dfrac{\sin x - x}{x\sin x}$计算结果是什么？（　　）

A. -1　　B. 1　　C. 0　　D. 不存在

2. 计算题

(1) $\lim\limits_{x\to 0}\dfrac{x^3}{x-\sin x}$；

(2) $\lim\limits_{x\to 0}\dfrac{\sin 3x}{\sin 5x}$；

(3) $\lim\limits_{x\to 0}\dfrac{e^x - e^{-x}}{\sin x}$；

(4) $\lim\limits_{x\to 0}\dfrac{\ln(1+x^2)}{x^2}$；

(5) $\lim\limits_{x\to +\infty}\dfrac{e^x}{x^6}$；

(6) $\lim\limits_{x\to 0^+}\dfrac{\ln\tan x}{\ln x}$。

拓展能力训练

计算题

(1) $\lim\limits_{x\to 1^+}\left(\dfrac{x}{x-1}-\dfrac{1}{\ln x}\right)$；

(2) $\lim\limits_{x\to 0}\dfrac{x(e^x-1)}{\cos x - 1}$；

(3) $\lim\limits_{x\to 0}\left(\dfrac{1}{x}-\dfrac{1}{e^x-1}\right)$；

(4) $\lim\limits_{x\to +\infty} x^{\frac{1}{x}}$。

学习任务3　函数的单调性与极值的应用

内容概要

1. 函数的单调性判定定理

设函数$f(x)$在开区间(a,b)内可导。

(1)如果在(a,b)内$f'(x)>0$,那么$f(x)$在(a,b)内单调增加;

(2)如果在(a,b)内$f'(x)<0$,那么$f(x)$在(a,b)内单调减少。

2. 极值的定义

设函数$f(x)$在点x_0的某邻域内有定义,且对此邻域内任一点$x(x\neq x_0)$,均有$f(x)<f(x_0)$,则称$f(x_0)$是函数$f(x)$的一个极大值;如果对此邻域内任一点$x(x\neq x_0)$,均有$f(x)>f(x_0)$,则称$f(x_0)$是函数$f(x)$的一个极小值。函数的极大值和极小值统称为函数的极值,使函数取得极值的点x_0成为极值点。

3. 极值存在的必要条件

设函数$f(x)$在点x_0处导数存在,且在点x_0处取得极值,则函数$f(x)$在点x_0处的导数$f'(x_0)=0$,即x_0是函数$f(x)$驻点。

4. 极值存在的第一充分条件

设函数$f(x)$在点x_0连续,在点x_0的某一个邻域内可导(x_0可除外),当x由小增大经过x_0时,如果:

(1)$f'(x)$的符号由正变负,则$f(x)$在点x_0处取得极大值;

(2)$f'(x)$的符号由负变正,则$f(x)$在点x_0处取得极小值;

(3)$f'(x)$的符号不变,则$f(x)$在点x_0处取不到极值。

5. 极值存在的第二充分条件

设函数$f(x)$在点x_0的某一个邻域内二阶导数$f''(x)$存在且连续,又$f'(x_0)=0$,如果

(1)$f''(x_0)<0$,则$f(x)$在点x_0处取得极大值;

(2)$f''(x_0)>0$,则$f(x)$在点x_0处取得极小值。

注意:极值存在的第一充分条件和第二充分条件的使用区别。

6. 求函数$y=f(x)$的单调区间和极值的步骤

(1)确定函数$y=f(x)$的定义区间;

(2)求出临界点:即函数$y=f(x)$在其定义区间内的驻点(即$y'=0$的点)、导数不存在的点;

(3)将临界点由小到大排列,把定义区间分成若干子区间,确定y'在每个子区间内的符号;

(4)根据每个子区间内y'的符号确定$y=f(x)$的单调区间和临界点处的极值。

基本能力训练

1. 单项选择题

(1)若函数 $y=ax^2+c$ 在区间$(0,+\infty)$内单调增加，则 a、c 应满足的条件是什么？(　　)

A. $a<0$ 且 $c=0$　　B. $a<0$ 且 c 是任意常数

C. $a<0$ 且 $c\neq0$　　D. $a>0$ 且 c 是任意常数

(2)下列哪个说法对于函数 $y=x^2+1$ 在区间$[-2,0]$上是对的？(　　)

A. 单调增加　　B. 单调减少

C. 不增不减　　D. 有增有减

(3)下列哪个说法对于函数 $y=16x^2(x-1)^2$ 在区间$(0,1)$内是对的？(　　)

A. 单调增加　　B. 单调减少

C. 不增不减　　D. 有增有减

(4)函数 $y=2\sin x+\cos 2x$ 的单调性是指什么？(　　)

A. 在区间$\left[0,\frac{\pi}{2}\right]$上都是单调增加的

B. 在区间$\left[0,\frac{\pi}{2}\right]$上都是单调减少的

C. 在区间$\left[0,\frac{\pi}{6}\right]$上单调增加，在区间$\left[\frac{\pi}{6},\frac{\pi}{2}\right]$上单调减少

D. 在区间$\left[0,\frac{\pi}{6}\right]$上单调减少，在区间$\left[\frac{\pi}{6},\frac{\pi}{2}\right]$上单调增加

(5)函数 $f(x)=\frac{1}{2}(e^x+e^{-x})$ 的极小值点是什么？(　　)

A. 1　　B. -1　　C. 0　　D. 不存在

(6)下面哪个说法对于函数 $y=\ln(x^2-1)$ 在区间$(1,+\infty)$内是对的？(　　)

A. 处处单调增加　　B. 处处单调减少

C. 具有极小值　　D. 具有极大值

2. 填空题

(1)在区间(a,b)内，如果函数 $f(x)$ 的导数 $f'(x)$________，则函数 $f(x)$ 在该区间单调增加；如果 $f'(x)$________，则函数 $f(x)$ 在该区间单调减少。

(2)函数 $y=2x^2-\ln x\ (x>0)$ 的单调增加区间是________，单调减少区间是________。

(3)只有两种点可能是极值点____________。

(4)设 $x_1=1$，$x_2=2$ 均为函数 $y=a\ln x+bx^2+3x$ 的极值点，则 $a=$________，$b=$________。

(5)函数 $y=x+\frac{4}{x}$ 在其定义域内的极大值是________，极小值是________。

3. 计算题

(1)求函数 $y=2x^3+3x^2-12x+10$ 的极值和单调区间。

(2)求函数 $f(x)=\sqrt[3]{(2x-x^2)^2}$的极值和单调区间。

(3)求函数 $y=x-\frac{3}{2}x^{\frac{2}{3}}$的极值和单调区间。

拓展能力训练

证明题

(1)证明:$\frac{1}{3}\tan x+\frac{2}{3}\sin x>x, x\in\left(0,\frac{\pi}{2}\right)$。

(2)证明:$(1+x)\ln^2(1+x)<x^2, x\in(0,1)$。

(3)试证:当 $0<x<\pi$ 时, $e^{-x}+\sin x<1+\frac{x^2}{2}$。

学习任务4 实际问题中最优化问题的求解

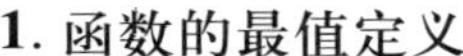

内容概要

1. 函数的最值定义

函数在$[a,b]$上的最大值、最小值，一般统称为最值。

2. 极值与最值的关系

函数的极值是函数在一个局部范围内的性质，函数的最值是函数在整个定义区间上的性质。所以，极值不一定是最值，而最值一般可以在函数的极值点或者区间的端点处取得。极值点是区间内部的点，不可能是区间端点，而最值点却可能是区间端点。极值点不一定是驻点，驻点也不一定是极值点。特别地，如果函数在给定区间内是单调增加（减少）的，则最大值产生在右（左）端点处，最小值产生在左（右）端点处。

3. 确定最值点和最值的步骤

（1）找出函数$f(x)$的驻点、导数不存在的点和区间端点；

（2）求出上述所有点的函数值；

（3）比较函数值，最大（小）者为最大（小）值，其对应的点为最大（小）值点。

基本能力训练

1. 填空题

（1）函数$y=x^3+(8-x)^3$在$[2,8]$上当________时，有最小值；当________时，有最大值。

（2）函数$y=x^5-5x^4+5x^3+1$在$[-1,2]$上最小值是________，最大值是________。

2. 应用题

（1）依墙围一个面积为128m^2矩形，如何围用材最少？

(2)已知矩形的长和宽分别是 x 和 y,其周长为 24,将其绕宽边 y 旋转一周构成一立体,问:x 和 y 各为多少时立体的体积最大?

(3)制作一个体积为 $54\pi m^3$ 封口的圆柱体容器,怎样设计才能使用料最省?

拓展能力训练

应用题

(1)制作一个底面为正方形,体积为 $125m^3$ 的长方体容器(无盖)。已知底面单位造价是周围单位造价的两倍。如何设计可以使总造价最低?

(2)已知横梁的强度和其矩形断面的宽和高的平方之积成正比。现在要将直径为 d 的圆木锯成强度最大的横梁,问:断面的高和宽应是多少?

(3)一租赁公司有 40 套设备要出租。当租金定为每套每月 200 元时,该设备可以全部出租;当租金每套每月增加 10 元时,出租的设备就会减少一套,而对于出租的设备,每套每月还需要花 20 元的维修费。问每套每月的租金定为多少时,该公司可获得最大利润?

学习任务5 曲线的凹凸区间与拐点的求解

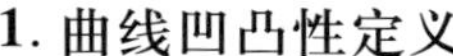

内容概要

1. 曲线凹凸性定义

设函数 $f(x)$ 在某区间 I 上连续，如果：

(1)若曲线弧位于其任一点切线的上方，则称曲线弧在该区间内是凹的（或称上凹）；

(2)若曲线弧位于其任一点切线的下方，则称曲线弧在该区间内是凸的（或称下凹）；

(3)连续曲线弧上凹弧与凸弧的分界点，称为曲线的拐点。

2. 曲线凹凸性判定定理

设函数 $f(x)$ 在区间 $[a,b]$ 上连续，在区间 (a,b) 内存在二阶导数，则

(1)若在 (a,b) 内，$f''(x)>0$，则曲线在 (a,b) 内是凹的；

(2)若在 (a,b) 内，$f''(x)<0$，则曲线在 (a,b) 内是凸的。

3. 拐点的判定定理

设 $f(x)$ 在 x_0 的某邻域 (x_0-d,x_0+d) $(d>0)$ 内有二阶导数，且 $f''(x_0)=0$。若在这个邻域内：

(1)当 $x<x_0$ 与 $x>x_0$ 时，$f''(x)$ 异号，则点 $(x_0,f(x_0))$ 是曲线 $y=f(x)$ 的拐点；

(2)当 $x<x_0$ 与 $x>x_0$ 时，$f''(x)$ 同号，则点 $(x_0,f(x_0))$ 不是曲线 $y=f(x)$ 的拐点。

基本能力训练

1. 单项选择题

(1) $f''(x_0)=0$ 是 $f(x)$ 的图形在点 $x=x_0$ 处有拐点的什么条件？（　　）

A. 必要　　B. 充分　　C. 充分必要　　D. 以上都不是

(2)若点 $(1,3)$ 是曲线 $y=ax^3+bx^2$ 的拐点，则以下哪个选项是对的？（　　）

A. $a=\frac{9}{2},b=-\frac{3}{2}$　　B. $a=-6,b=9$

C. $a=-\frac{3}{2},b=\frac{9}{2}$　　D. 以上都不对

(3)在区间 $(1,+\infty)$ 内，对于曲线 $y=\ln(x^2+1)$ 以下哪个说法是对的？（　　）

A. 下降且向上凸　　B. 下降且向下凸

C. 上升且向上凸　　D. 上升且向下凸

2. 解答题

(1)讨论函数$f(x)=x^2$在$(-\infty,+\infty)$的凹凸性。

(2)讨论函数$f(x)=\arctan x$的凹凸性。

(3)求曲线$f(x)=3x^2-x^3$的凹凸区间及拐点。

拓展能力训练

解答题

(1)求曲线$f(x)=e^{-x^2}$的凹凸区间及拐点。

(2)求曲线$f(x)=\frac{1}{x^2+1}$的凹凸区间及拐点。

学习任务6 实际问题中曲率的求解

内容概要

1. 曲率定义

设光滑曲线$\overset{\frown}{MN}$两端切线的转角为$|\Delta\alpha|$，弧长为$|\Delta s|$，若当点N沿曲线趋近于M，即$\Delta s\to 0$时，平均曲率的极限

$$\lim_{\Delta s\to 0}\left|\frac{\Delta\alpha}{\Delta s}\right|$$

存在，则该极限称为曲线在点M的曲率，记为

$$K=\lim_{\Delta s\to 0}\left|\frac{\Delta\alpha}{\Delta s}\right|=\left|\frac{\mathrm{d}\alpha}{\mathrm{d}s}\right|。$$

2. 曲率的计算

设函数$y=f(x)$具有二阶导数，则曲线$y=f(x)$在$M(x,y)$处的曲率为

$$K=\left|\frac{\mathrm{d}\alpha}{\mathrm{d}s}\right|=\frac{|y''|}{(1+y'^2)^{\frac{3}{2}}}。$$

3. 曲率圆与曲率半径

以点C为圆心，$R=\dfrac{1}{K}$为半径的圆称为曲线L在点M处的曲率圆，其半径$R=\dfrac{1}{K}$称为曲线L在点M处的曲率半径，点C称为曲线L在点M处的曲率中心。

基本能力训练

解答题

(1)求直线$y=ax+b$的曲率。

(2)求下列曲线在指定点处的曲率：

①$y=x^2-2x+2$的顶点处；

②$x^2+2y^2=3$ 在点$(1,1)$处；

③$y=\tan x$ 在点$\left(\frac{p}{4},1\right)$处。

拓展能力训练

(1)曲线弧 $y=\sin x(0<x<\pi)$上哪一点处的曲率最大？

(2)一辆总质量5t的汽车在抛物线拱桥上行驶，速度为21.6km/h，桥的跨度为10m，拱的矢高为0.25m，如图2-3-1所示，求汽车越过桥顶时对桥的压力。(提示：沿曲线运动的物体所受的向心力为 $F=\frac{mv^2}{\rho}$，这里 m 为物体的质量，v 为物体的速度，ρ 为物体轨迹的曲率半径)

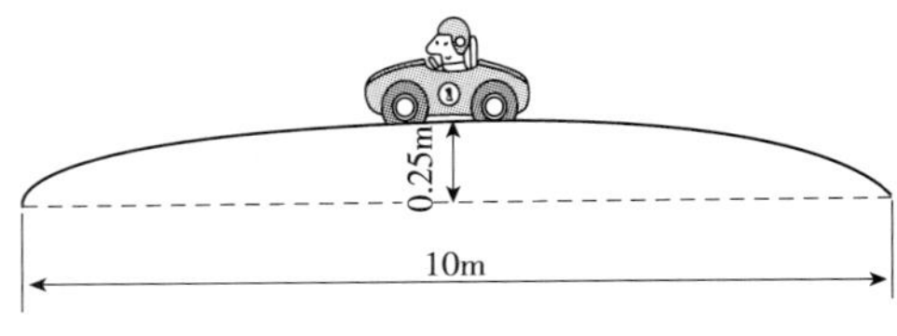

图2-3-1　5t汽车在拱桥上行驶

第三阶段自测题

1. 单项选择题

(1)下列哪个选项的函数在指定区间$(-\infty,+\infty)$上是单调增加的？(　　)

A. $\sin x$　　B. e^x　　C. x^2　　D. $3-x$

(2)下列哪个选项是曲线$y=(x-1)^3$的驻点？(　　)

A. $(1,0)$　　B. $x=1$　　C. $x=\pm 1$　　D. $y=0$

(3)下列哪个选项的说法是正确的？(　　)

A. 函数的驻点一定是极值点；

B. 若$f(x)$在x_0处可导，则$|f(x)|$在点x_0处一定不可导；

C. 若$f''(x_0)=0$，则点$(x_0,f(x_0))$一定是曲线$y=f(x)$的拐点；

D. 若x_0为函数$y=f(x)$的极值点，则$f'(x_0)=0$或$f'(x_0)$不存在。

(4)若函数$f(-x)=-f(x)(x\in R)$，在$(0,+\infty)$内$f'(x)>0$，$f''(x)<0$，则在$(-\infty,0)$内下列哪个选项是正确的？(　　)

A. $f'(x)>0,f''(x)<0$　　B. $f'(x)>0,f''(x)>0$

C. $f'(x)<0,f''(x)>0$　　D. $f'(x)<0,f''(x)<0$

(5)下列极限中能使用洛必达法则的是哪个？(　　)

A. $\lim\limits_{x\to 0}\dfrac{x^2\sin\dfrac{1}{x}}{\sin x}$　　B. $\lim\limits_{x\to 1}\dfrac{1-x}{1-\sin x}$

C. $\lim\limits_{x\to +\infty}\dfrac{\sqrt{1+x^2}}{x}$　　D. $\lim\limits_{x\to\infty}\dfrac{\ln(3x^2+1)}{\ln(x^4+3)}$

2. 填空题

(1)$\lim\limits_{x\to 0}\dfrac{x^2\cos\dfrac{1}{x}}{\sin x}=$________。

(2)函数$y=x-\ln(1+x)$在区间________内单调增加，在区间________内单调减少，在点________处有极值。

(3)函数$y=\ln(1+x^4)$在$[-1,2]$上的极小值为________。

(4)若函数$y=x^3+ax+b$在点$x=1$处取得极小值-2，则$a=$________，$b=$________。

(5)若点$(1,2)$是曲线$y=ax^3-bx^2$的拐点，则$a=$________，$b=$________。

3. 解答题

(1)求极限$\lim\limits_{x\to 0}\left[\dfrac{1}{\ln(1+x)}-\dfrac{1}{x}\right]$。

(2)求曲线 $y=\ln(1-x^2)$ 的单调区间和极值,凹凸区间和拐点。

(3)求函数 $y=\dfrac{x^2}{1+x^2}$在区间$\left[-\dfrac{1}{2},1\right]$上的最大值和最小值。

4. 应用题

(1)某厂生产某种产品 q 件时的总成本函数为 $C(q)=20+4q+0.01q^2$(元),单位销售价格为 $p=14-0.01q$(元/件),问:产量为多少时可使利润达到最大?最大利润是多少?

(2)要造一圆柱形油罐,体积为 V,问底半径 r 和高 h 等于多少时,才能使表面积最小?这时底直径与高的比是多少?

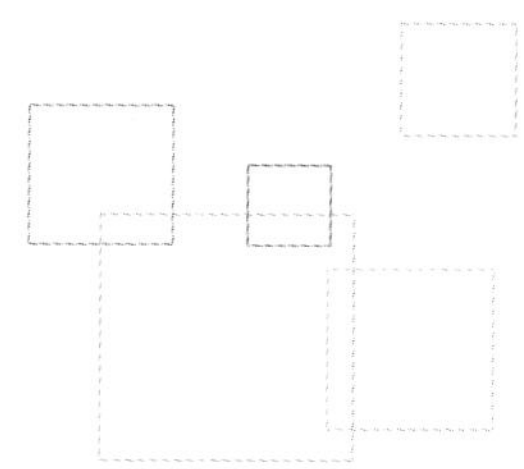

模块三

积分及其应用

学习单元一　不定积分的计算

学习任务1　不定积分概念和性质的理解

内容概要

1. 原函数定义

设$f(x)$是定义在某区间的已知函数,若存在函数$F(x)$,使得$F'(x)=f(x)$或$\mathrm{d}F(x)=f(x)\mathrm{d}x$,则称$F(x)$为$f(x)$的一个原函数。

2. 原函数存在定理

如果函数$f(x)$在某区间上连续,那么在该区间上的原函数必定存在。

3. 原函数族定理

若$F(x)$是$f(x)$在某区间上的一个原函数,则$F(x)+C$是$f(x)$在该区间上的所有原函数。

4. 不定积分的概念

函数$f(x)$在区间I上的一个原函数设为$F(x)$,则$F(x)+C$(C为任意常数)称为$f(x)$在区间I上的不定积分,记为$\int f(x)\mathrm{d}x=F(x)+C$,其中$F'(x)=f(x)$。

5. 积分运算与微分运算的关系

积分运算与微分运算互为逆运算:

$\left[\int f(x)\mathrm{d}x\right]'=f(x)$　或 $\mathrm{d}\left[\int f(x)\mathrm{d}x\right]=f(x)\mathrm{d}x$;

$\int F'(x)\mathrm{d}x=F(x)+C$ 或 $\int \mathrm{d}F(x)=F(x)+C$。

6. 不定积分的性质

性质1: $\int kf(x)\mathrm{d}x=k\int f(x)\mathrm{d}x$　(k为常数,且$k\neq 0$);

性质2: $\int[f(x)\pm g(x)]\mathrm{d}x=\int f(x)\mathrm{d}x\pm\int g(x)\mathrm{d}x$。

7. 积分基本公式

(1) $\int k\mathrm{d}x=kx+C$　(k为常数);　　(2) $\int x^{\alpha}\mathrm{d}x=\dfrac{x^{\alpha+1}}{\alpha+1}+C$　$(\alpha\neq-1)$;

(3) $\int \frac{1}{x}\mathrm{d}x = \ln|x| + C$；

(4) $\int a^x\mathrm{d}x = \frac{a^x}{\ln a} + C$，特别有 $\int \mathrm{e}^x\mathrm{d}x = \mathrm{e}^x + C$；

(5) $\int \cos x\mathrm{d}x = \sin x + C$；

(6) $\int \sin x\mathrm{d}x = -\cos x + C$；

(7) $\int \sec^2 x\mathrm{d}x = \tan x + C$；

(8) $\int \csc^2 x\mathrm{d}x = -\cot x + C$；

(9) $\int \sec x \cdot \tan x\mathrm{d}x = \sec x + C$；

(10) $\int \csc x \cdot \cot x\mathrm{d}x = -\csc x + C$；

(11) $\int \frac{1}{\sqrt{1-x^2}}\mathrm{d}x = \arcsin x + C$；

(12) $\int \frac{1}{1+x^2}\mathrm{d}x = \arctan x + C$。

8. 直接积分法

直接按积分基本公式和积分性质求出结果，或被积函数经过适当的恒等变形，再利用积分的性质，然后按积分基本公式求出结果，这样的积分方法，叫做直接积分法。

基本能力训练

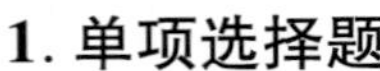

1. 单项选择题

(1) 如果函数 $f(x)$ 存在原函数，则 $f(x)$ 的原函数一定有几个？(　　)

A. 一个　　B. 两个　　C. 有限多个　　D. 无穷多个

(2) 设 $F(x)$、$G(x)$ 都是 $f(x)$ 的原函数，则必定有下列哪个等式成立？(　　)

A. $F(x) - G(x) = 0$　　B. $F(x) + G(x) = 0$

C. $F(x) - G(x) = C$　　D. $F(x) + G(x) = C$

(3) 函数 $f(x)$ 的不定积分是 $f(x)$ 的什么？(　　)

A. 导数　　B. 微分　　C. 某个原函数　　D. 全部原函数

(4) 函数 $\cos 2x$ 的一个原函数是什么？(　　)

A. $\sin 2x$　　B. $-\sin 2x$　　C. $\frac{1}{2}\sin 2x$　　D. $-\frac{1}{2}\sin 2x$

(5) 已知函数 $f(x)$ 的一个原函数是 $\sin x$，则 $f'(x) =$ (　　)。

A. $\sin x$　　B. $-\sin x$　　C. $\cos x$　　D. $-\cos x$

(6) 已知 $\int f(x)\mathrm{e}^{\frac{1}{x}}\mathrm{d}x = \mathrm{e}^{\frac{1}{x}} + C$，则 $f(x) =$ (　　)。

A. 1　　B. $-\frac{1}{x}$　　C. x　　D. $-\frac{1}{x^2}$

(7) 如果 $\int f'(x)\mathrm{d}x = \int g'(x)\mathrm{d}x$，则必定有下列哪个等式成立？(　　)

A. $f(x) = g(x)$　　B. $\int f(x)\mathrm{d}x = \int g(x)\mathrm{d}x$

C. $f(x) = g(x) + C$　　D. $\mathrm{d}\left[\int f(x)\mathrm{d}x\right] = \mathrm{d}\left[\int g(x)\mathrm{d}x\right]$

(8)设$f(x)=\frac{1}{x}$,则$\int f'(x)\mathrm{d}x$是什么?(　　)

A. $\frac{1}{x}$　　B. $\frac{1}{x}+C$　　C. $\ln x$　　D. $\ln x+C$

(9)$\int\left(1+\sin\frac{\pi}{5}\right)\mathrm{d}x$是什么?(　　)

A. $x+x\sin\frac{\pi}{5}+C$　　B. $x-x\cos\frac{\pi}{5}+C$

C. $x+\frac{\pi}{5}\sin\frac{\pi}{5}+C$　　D. $x-\cos\frac{\pi}{5}+C$

2. 填空题

(1) $\int\frac{1}{2\sqrt{x}}\mathrm{d}x=$____________________。

(2) $\int-\frac{1}{x^2}\mathrm{d}x=$____________________。

(3) $\left(\int 2x\mathrm{d}x\right)'=$____________________。

(4) $\mathrm{d}\left[\int(\mathrm{e}^{x^2}-x)\mathrm{d}x\right]=$____________________。

3. 计算题

(1) $\int\left(x^2+2^x-\frac{4}{\sqrt{1-x^2}}\right)\mathrm{d}x$;

(2) $\int(a^2-x^2)^2\mathrm{d}x$;

(3) $\int(\sqrt{x}-1)\left(1+\frac{1}{x}\right)\mathrm{d}x$;

(4) $\int\frac{1}{x^2\sqrt{x}}\mathrm{d}x$;

(5) $\int \frac{x-4}{\sqrt{x}+2}dx$；

(6) $\int 2^x e^x dx$。

拓展能力训练

1. 计算题

(1) $\int \frac{1+2x^2}{x^2(1+x^2)}dx$；

(2) $\int \frac{x^4}{1+x^2}dx$；

(3) $\int \frac{1-x}{x\sqrt{x}}dx$；

(4) $\int \frac{\cos 2x}{\cos x-\sin x}dx$；

(5) $\int \left(2-\sin^2\frac{x}{2}\right)dx$。

2. 应用题

(1)一曲线经过点 $(e^2,3)$ 且在任一点的切线斜率等于该点横坐标的倒数,求该曲线的方程。

(2)某物体以速度 $v = 3t^2 + 4t$ 作直线运动,当 $t = 1\text{s}$ 时,物体经过的路程 $s = 3\text{m}$,求物体的运动方程。

学习任务2 第一类换元积分法的应用

内容概要

1. 积分形式的不变性

如果 $\int f(x)\mathrm{d}x = F(x) + C$,则 $\int f(u)\mathrm{d}u = F(u) + C$,其中 $u = \varphi(x)$ 是 x 的任一可微函数。

2. 第一类换元法

$$\int f[\varphi(x)]\varphi'(x)\mathrm{d}x \xlongequal{\text{凑微分}} \int f[\varphi(x)]\mathrm{d}[\varphi(x)]$$

$$\xlongequal{\text{令 }\varphi(x)=u} \int f(u)\mathrm{d}u = F(u) + C$$

$$\xlongequal{\text{回代 }u=\varphi(x)} F[\varphi(x)] + C$$

这种先凑微分式,再作变量置换的方法,叫做第一类换元法,也称凑微分法。

3. 常用的凑微分式子

(1) $\mathrm{d}x = \frac{1}{a}\mathrm{d}(ax + b)$;　　(2) $x\mathrm{d}x = \frac{1}{2}\mathrm{d}(x^2)$;

(3) $\frac{1}{x}dx = d(\ln|x|)$；　(4) $\frac{1}{\sqrt{x}}dx = 2d\sqrt{x}$；

(5) $\frac{1}{x^2}dx = -d\left(\frac{1}{x}\right)$；　(6) $\frac{1}{1+x^2}dx = d(\arctan x)$；

(7) $\frac{1}{\sqrt{1-x^2}}dx = d(\arcsin x)$；　(8) $e^x dx = d(e^x)$；

(9) $\sin x dx = -d(\cos x)$；　(10) $\cos x dx = d(\sin x)$；

(11) $\sec^2 x dx = d(\tan x)$；　(12) $\csc^2 x dx = -d(\cot x)$；

(13) $\sec x \tan x dx = d(\sec x)$；　(14) $\csc x \cot x dx = -d(\csc x)$。

基本能力训练

1. 单项选择题

(1) $\int e^{-2x}dx = (\quad)$。

A. $e^{-2x} + C$　　B. $-\frac{1}{2}e^{-2x} + C$

C. $\frac{1}{2}e^{-2x} + C$　　D. $2e^{-2x} + C$

(2) $\int \frac{1}{1+x^2}dx^2 = (\quad)$。

A. $\arctan x + C$　　B. $\ln(1+x^2) + C$

C. $\arctan 2x + C$　　D. $\ln x^2 + C$

(3) 已知 $\int f(x)dx = F(x) + C$，则 $\int f(2x)dx = (\quad)$。

A. $2F(x) + C$　　B. $F(2x) + C$

C. $\frac{1}{2}F(2x) + C$　　D. $2F(2x) + C$

(4) $\int \frac{1}{\sqrt{1+x^2}}dx^2 = (\quad)$。

A. $2\sqrt{1+x^2} + C$　　B. $\arctan x + C$

C. $-\frac{1}{2}\sqrt{1+x^2} + C$　　D. $4\sqrt{1+x^2} + C$

(5) $\int \cos x d\cos x = (\quad)$。

A. $\sin x + C$　　B. $-\sin x + C$

C. $\frac{1}{2}\cos^2 x + C$　　D. $2\cos^2 x + C$

2. 填空题

(1) $x^2\mathrm{d}x=$ ______________；　　(2) $\dfrac{1}{\sqrt{x}}\mathrm{d}x=$ ______________；

(3) $\dfrac{1}{x}\mathrm{d}x=$ _____ $\mathrm{d}(2\ln|x|+C)$；　　(4) $\mathrm{e}^x\mathrm{d}x=$ _____ $\mathrm{d}(3\mathrm{e}^x+2)$；

(5) $\dfrac{1}{x^2}\mathrm{d}x=$ _____ $\mathrm{d}\left(\dfrac{1}{2x}+1\right)$；　　(6) $\sin x\mathrm{d}x=$ _____ $\mathrm{d}(2\cos x+4)$；

(7)已知 $F'(x)=f(x)$，则 $\int f\left(2x+\dfrac{1}{2}\right)\mathrm{d}x=$ ________________________；

(8)设 $f(x)$ 的一个原函数是 x^3-x，则 $\int f(2x)\mathrm{d}x=$ ________________________。

3. 计算题

(1) $\int(2x+3)^4\mathrm{d}x$；　　(2) $\int\dfrac{1}{x\ln x}\mathrm{d}x$；

(3) $\int\dfrac{1}{(2x-3)^2}\mathrm{d}x$；　　(4) $\int\sin(3x+2)\mathrm{d}x$；

(5) $\int\mathrm{e}^{-3x+5}\mathrm{d}x$；　　(6) $\int\sec^2 4x\mathrm{d}x$；

(7) $\int \tan^2 3x\mathrm{d}x$；

(8) $\int \frac{1}{x^2}\sin\frac{1}{x}\mathrm{d}x$；

(9) $\int \frac{1}{\sqrt{4-x^2}}\mathrm{d}x$；

(10) $\int \frac{1}{9+x^2}\mathrm{d}x$。

拓展能力训练

1. 计算题

(1) $\int x\sqrt{1-x^2}\mathrm{d}x$；

(2) $\int \frac{x}{(1+x^2)^2}\mathrm{d}x$；

(3) $\int \frac{2\ln x+3}{x}\mathrm{d}x$；

(4) $\int \frac{x}{1-x^2}\mathrm{d}x$；

(5) $\int \frac{e^x}{\sqrt{1-e^{2x}}}dx$；

(6) $\int \frac{1}{e^x+e^{-x}}dx$；

(7) $\int \frac{x-1}{x^2+1}dx$；

(8) $\int \frac{\cos(\sqrt{x}+2)}{\sqrt{x}}dx$；

(9) $\int \sin^2 x\cos x dx$；

(10) $\int \cos^2 x \sin^3 x dx$；

(11) $\int \sin^2 x dx$；

(12) $\int \sec^4 x dx$；

(13) $\int \tan^4 x \mathrm{d}x$；

(14) $\int \frac{1+\cos x}{x+\sin x}\mathrm{d}x$；

(15) $\int \frac{\sin x\cos x}{\sqrt{1-\sin^4 x}}\mathrm{d}x$；

(16) $\int \frac{f'(\ln x)}{x}\mathrm{d}x$（其中 $f(x)=\mathrm{e}^{-x}$）；

(17) $\int \frac{1}{1-x^2}\mathrm{d}x$。

2. 应用题

若河水结冰的速度为 $y' = \frac{1}{3+2x}$，其中 y（单位:cm）是自结冰起到时刻 x（单位:h）冰的厚度，求结冰厚度 y 关于时间 x 的函数。

学习任务3　第二类换元积分法的应用

内容概要

1. 第二类换元法

令 $x = \psi(t)$，把 t 作为新的积分变量，一般有下列计算方法：

$$\int f(x)\mathrm{d}x \xlongequal{\text{令 } x = \psi(t)} \int f[\psi(t)]\psi'(t)\mathrm{d}t = F(t) + C \xlongequal{\text{回代 } t = \psi^{-1}(t)} F[\psi^{-1}(x)] + C。$$

其中 $t = \psi^{-1}(x)$ 是 $x = \psi(t)$ 的反函数，这种求不定积分的方法称为第二类换元法。第一类换元法和第二类换元法的不同之处是新变量所处的位置不同。

2. 使用第二类换元法的关键

使用第二类换元法关键是选择适当的函数 $x = \psi(t)$，通常有以下几种换元：

(1)根幂代换：当被积函数中含有 $\sqrt[n]{ax+b}$ 时，可令 $\sqrt[n]{ax+b} = t$。

(2)三角变换：当被积函数含有：

①含有 $\sqrt{a^2 - x^2}$ 时，令 $x = a\sin t$；

②含有 $\sqrt{x^2 + a^2}$ 时，令 $x = a\tan t$；

③含有 $\sqrt{x^2 - a^2}$ 时，令 $x = a\sec t$。

基本能力训练

计算题

(1) $\int \frac{1}{1+\sqrt{x}}\mathrm{d}x$；

(2) $\int \frac{x}{\sqrt{x-3}}\mathrm{d}x$；

(3) $\int \frac{\mathrm{d}x}{1+\sqrt{x+1}}$；

(4) $\int x\sqrt{3x-1}\mathrm{d}x$；

(5) $\int \frac{\sqrt{x}}{1+\sqrt{x}}dx$；

(6) $\int \sqrt{9-x^2}dx$。

拓展能力训练

(1) $\int \frac{dx}{1+\sqrt[3]{2x+1}}$；

(2) $\int \frac{1}{\sqrt{x}(1+\sqrt[3]{x})}dx$；

(3) $\int \frac{dx}{\sqrt{1+e^x}}$；

(4) $\int \sqrt{9-4x^2}dx$；

(5) $\int \frac{1}{\sqrt{4+x^2}}dx$。

学习任务4 分部积分法的应用

内容概要

1.分部积分公式

设函数 $u=u(x)$、$v=v(x)$ 具有连续导数,则 $\int u\mathrm{d}v=uv-\int v\mathrm{d}u$。

2. u、$\mathrm{d}v$ 的选择规律

(1)形如 $\int x^n e^{ax}\mathrm{d}x$、$\int x^n \sin ax\mathrm{d}x$、$\int x^n \cos ax\mathrm{d}x$ 等,可设 $u=x^n$;

(2)形如 $\int x^n \ln x\mathrm{d}x$、$\int x^n \arcsin x\mathrm{d}x$、$\int x^n \arctan x\mathrm{d}x$ 等,

可设 $u=\ln x$、$\arcsin x$、$\arctan x$;

(3)形如 $\int e^{ax}\sin bx\mathrm{d}x$、$\int e^{ax}\cos bx\mathrm{d}x$ 等,

可设 $u=e^{ax}$,也可设 $u=\sin bx$、$\cos bx$。

基本能力训练

1.单项选择题

(1)设函数 $f(x)$ 是一个对数函数,则 $\int f(x)\mathrm{d}x=($　　$)$。

A. $xf(x)-\int x\mathrm{d}f(x)$　　B. $f(x)-\int x\mathrm{d}f(x)$

C. $xf(x)-\int f'(x)\mathrm{d}x$　　D. $xf(x)+\int x\mathrm{d}f(x)$

(2)设函数 $f(x)$ 具有连续导数,则 $\int [xf'(x)+f(x)]\mathrm{d}x=($　　$)$。

A. $xf(x)+C$　　B. $xf(x)$

C. $x+f'(x)+C$　　D. $x+f(x)+C$

(3)设函数 $f(x)$ 的一个原函数为 e^{2x},则 $\int xf'(x)\mathrm{d}x=($　　$)$。

A. $\frac{1}{2}e^{2x}+C$　　B. $2xe^{2x}+C$

C. $\frac{1}{2}xe^{2x}-e^{2x}+C$　　D. $2xe^{2x}-e^{2x}+C$

(4)用分部积分法，$\int 2x\sin 2x\mathrm{d}x=$（　　）。

A. $\int \sin 2x\mathrm{d}x^2$　　B. $\int x\mathrm{d}\cos 2x$

C. $\int 2\sin 2x\mathrm{d}x^2$　　D. $-\int x\mathrm{d}\cos 2x$

(5)以下哪个选项求不定积分时，必须用到分部积分法？（　　）

A. $\int x\cos(x^2+1)\mathrm{d}x$　　B. $\int \sqrt{1-x^2}\mathrm{d}x$

C. $\int \frac{\ln x}{x}\mathrm{d}x$　　D. $\int x\cos 2x\mathrm{d}x$

2. 填空题

(1) $\int \ln x\mathrm{d}x=$ ________；

(2) $\int \arcsin x\mathrm{d}x=$ ________；

(3)在 $\int x^2 e^{2x}\mathrm{d}x$ 中，选 $u=$ ________；

(4)在 $\int x\arctan x\mathrm{d}x$ 中，选 $u=$ ________。

3. 计算题

(1) $\int x e^{-x}\mathrm{d}x$；

(2) $\int x\sin 3x\mathrm{d}x$；

(3) $\int x\cos 2x\mathrm{d}x$；

(4) $\int x^2\ln x\mathrm{d}x$；

(5) $\int(x+1)\ln x\mathrm{d}x$；

(6) $\int\arctan x\mathrm{d}x$。

拓展能力训练

1. 计算题

(1) $\int x^2e^{2x}\mathrm{d}x$；

(2) $\int e^x\cos 2x\mathrm{d}x$；

(3) $\int e^{2x}\sin x\mathrm{d}x$。

2. 解答题

已知 $f(x)$ 的一个原函数是 $\frac{\sin x}{x}$，求 $\int xf'(x)\mathrm{d}x$。

学习单元二　定积分的计算

学习任务1　定积分概念和性质的理解

内容概要

1. 定积分定义

设函数$f(x)$在区间$[a,b]$上有定义，任取分点$a=x_0<x_1<\cdots<x_{i-1}<x_i<\cdots<x_n=b$，将区间$[a,b]$分成$n$个子区间$[x_{i-1},x_i](i=1,2,\cdots,n)$，记$\Delta x_i=x_i-x_{i-1}$为第$i$个子区间长度，在每个子区间上任取一点$\xi_i(x_{i-1}\leqslant\xi_i\leqslant x_i)$，作乘积$f(\xi_i)\Delta x_i\ (i=1,2,\cdots,n)$，作和式$\sum\limits_{i=1}^{n}f(\xi_i)\Delta x_i$，记$\lambda=\max\{\Delta x_i\}(i=1,2,\cdots,n)$，如果不论对$[a,b]$怎样分法，也不论在子区间$[x_{i-1},x_i]$上点$\xi_i$如何选取，极限$\lim\limits_{\lambda\to 0}\sum\limits_{i=1}^{n}f(\xi_i)\Delta x_i$存在，则称函数$f(x)$在$[a,b]$上可积，且称这个极限是$f(x)$在区间$[a,b]$上的定积分（简称积分），记作$\int_a^b f(x)\mathrm{d}x$，即

$$\int_a^b f(x)\mathrm{d}x=\lim_{\lambda\to 0}\sum_{i=1}^{n}f(\xi_i)\Delta x_i$$

说明：(1) $f(x)$称为被积函数，$f(x)\mathrm{d}x$称为被积表达式，x称为积分变量，$[a,b]$称为积分区间，a称为积分下限，b称为积分上限。

(2)定积分是一个确定的数，其值只取决于积分区间和被积函数。

(3) $\int_a^b f(x)\mathrm{d}x=-\int_b^a f(x)\mathrm{d}x$，$\int_a^a f(x)\mathrm{d}x=0$。

2. 定积分的几何意义

$\int_a^b f(x)\mathrm{d}x$在几何上表示由曲线$y=f(x)$，直线$x=a$、$x=b$及x轴所围成的各个曲边梯形面积的代数和。

3. 定积分的性质

性质1　$\int_a^b kf(x)\mathrm{d}x=k\int_a^b f(x)\mathrm{d}x$，$k$为常数；

性质2　$\int_a^b [f(x)\pm g(x)]\mathrm{d}x=\int_a^b f(x)\mathrm{d}x\pm\int_a^b g(x)\mathrm{d}x$

性质 3　$\int_a^b f(x)\mathrm{d}x = \int_a^c f(x)\mathrm{d}x + \int_c^b f(x)\mathrm{d}x$（定积分关于积分区间具有可加性）

其他性质此处略。

基本能力训练

1. 单项选择题

(1)如果积分区间相同、被积表达式也相同的两个定积分的值的关系是什么？(　　)

A. 相等　　B. 不相等

C. 相差一个无穷小量　　D. 相差一个任意常数

(2)当积分区间与被积表达式确定以后，则定积分的值一定是下列选项中的哪一个？(　　)

A. 唯一　　B. 不唯一　　C. 有限个　　D. 无穷多个

(3)设 $f(x) = \begin{cases} x^2, & x \geqslant 0 \\ 2^x, & x < 0 \end{cases}$，则 $\int_{-1}^{1} f(x)\mathrm{d}x$ 是什么？(　　)

A. $\int_{-1}^{1} x^2\mathrm{d}x$　　B. $\int_{-1}^{1} 2^x\mathrm{d}x$

C. $\int_{-1}^{0} x^2\mathrm{d}x + \int_0^1 2^x\mathrm{d}x$　　D. $\int_{-1}^{0} 2^x\mathrm{d}x + \int_0^1 x^2\mathrm{d}x$

(4)$\frac{\mathrm{d}}{\mathrm{d}x}\int_a^b \sin x^2\mathrm{d}x = ($　　$)$

A. 0　　B. $\sin x^2$　　C. $-2x\cos x^2$　　D. $\sin b^2 - \sin a^2$

(5)由区间 $[a,b]$ 上的两条光滑曲线 $y = f(x)$ 和 $y = g(x)$ 以及两条直线 $x = a$ 和 $x = b$ 所围成的平面区域的面积是什么？(　　)

A. $\int_a^b [f(x) - g(x)]\mathrm{d}x$　　B. $\int_a^b [g(x) - f(x)]\mathrm{d}x$

C. $\int_a^b |f(x) - g(x)|\mathrm{d}x$　　D. $\left|\int_a^b [f(x) - g(x)]\mathrm{d}x\right|$

2. 填空题

(1)由曲线 $y = 2x^2 + 1$ 与直线 $x = 0$，$x = 3$ 及 x 轴所围成的曲边梯形的面积用定积分可表示为________；

(2)设一物体以速度 $v = 2t + 1$（单位：m/s）作直线运动，则时间 t 从 0 ~ 5s 内该物体所移动的路程 s 的表达式为________。

拓展能力训练

1. 利用定积分的几何意义求下列定积分：

(1) $\int_{1}^{3}(1+x)\mathrm{d}x$;

(2) $\int_{-1}^{2}|2x|\mathrm{d}x$;

(3) $\int_{-\pi}^{\pi}\sin x\mathrm{d}x$;

(4) $\int_{0}^{2}\sqrt{4-x^{2}}\mathrm{d}x$

2. 利用定积分的性质估计 $\int_{-2}^{1}\mathrm{e}^{-x^{2}}\mathrm{d}x$ 的值。

3. 根据定积分的性质比较 $\int_{1}^{2}\ln x\mathrm{d}x$ 与 $\int_{1}^{2}(\ln x)^{2}\mathrm{d}x$ 的大小。

学习任务2　牛顿—莱布尼兹公式的应用

内容概要

1. 积分上限函数的性质

如果函数 $f(x)$ 在区间 $[a,b]$ 上连续，则积分上限函数 $\Phi(x)=\int_a^x f(t)\mathrm{d}t$ 在 $[a,b]$ 上具有导数，并且它的导数为 $\Phi'(x)=\frac{\mathrm{d}}{\mathrm{d}x}\int_a^x f(t)\mathrm{d}t=f(x)\quad(a\leqslant x\leqslant b)$。

2. 牛顿—莱布尼兹公式

若 $F(x)$ 是连续函数 $f(x)$ 在区间 $[a,b]$ 上的一个原函数，则

$$\int_a^b f(x)\mathrm{d}x=F(b)-F(a)\xlongequal{\text{记作}}F(x)\Big|_a^b \text{ 或 } [F(x)]_a^b。$$

基本能力训练

1. 单项选择题

(1) 已知 $\int_0^1 \mathrm{e}^{-ax}\mathrm{d}x=\frac{1}{2a}(a\neq 0)$，则 a 的值是下列哪一个选项？(　　)

A. $\frac{1}{2}$　　B. $-\frac{1}{2}$　　C. $\ln 2$　　D. $-\ln 2$

(2) 设 $f(x)=\begin{cases}x, & x\leqslant 1\\ 1, & x>1\end{cases}$，则 $\int_0^2 f(x)\mathrm{d}x$ 的值是下列哪一个选项？(　　)

A. 3；　　B. 2；　　C. $\frac{2}{3}$；　　D. $\frac{3}{2}$。

(3) 定积分 $\int_0^{\frac{\pi}{2}}(a\sin x+b\cos x)\mathrm{d}x$ 的值是下列哪一个选项？(　　)

A. $a+b$　　B. $a-b$　　C. $b-a$　　D. 0

2. 填空题

(1) 若 $\varphi(x)=\int_0^x \tan^2 t\mathrm{d}t$，则 $\varphi'(x)=$______________。

(2) 如果 $\int_0^b(3x^2-1)\mathrm{d}x=0,(b>0)$，则 $b=$______________。

(3) $\int_1^e \left(\frac{\ln x}{x}\right)' dx =$ ________________。

3. 计算题

(1) $\int_1^2 \left(x + \frac{1}{x}\right)^2 dx$ ；

(2) $\int_{-1}^2 |2x| dx$ ；

(3) $\int_0^{\frac{\pi}{2}} \sin^2 x dx$ ；

(4) $\int_0^{2\pi} |\sin x| dx$ ；

(5) $\int_0^{\frac{\pi}{4}} \tan^2 \theta d\theta$ ；

(6) $\int_{-1}^0 \frac{3x^4 + 3x^2 + 1}{x^2 + 1} dx$ ；

(7) 设 $f(x) = \begin{cases} \frac{x}{2} + 1, & 0 \leqslant x \leqslant 2 \\ x, & 2 < x \leqslant 3 \end{cases}$，求 $\int_0^3 f(x) dx$ 。

拓展能力训练

1. 填空题

若$\int_a^b \frac{f(x)}{f(x)+g(x)}\mathrm{d}x = 1$，则$\int_a^b \frac{g(x)}{f(x)+g(x)}\mathrm{d}x =$ ________。

2. 解答题

(1)求$\lim\limits_{x\to 0}\frac{\int_0^x t\tan t\mathrm{d}t}{x^3}$。

(2)求函数$f(x)=\int_0^x t\mathrm{e}^{-t^2}\mathrm{d}t$的极值。

学习任务3　定积分换元积分法的应用

内容概要

1. 定积分的换元积分法

若函数$f(x)$在$[a,b]$上连续，函数$x=\varphi(t)$在$[\alpha,\beta]$上单调且有连续而不为零的导函数$\varphi'(t)$，又$\varphi(\alpha)=a,\varphi(\beta)=b$，则

$$\int_a^b f(x)\mathrm{d}x = \int_\alpha^\beta f[\varphi(t)]\varphi'(t)\mathrm{d}t$$

注意：

(1)定积分的换元法在换元后，积分的上下限也要作相应的变换，即“换元必换限”。

(2)定积分在换元后，按新的积分变量进行定积分计算，不必像不定积分那样再还原为原积分变量。

2. 函数的奇偶性在定积分中的应用

(1)若$f(x)$在$[-a,a]$上连续且为偶函数，则$\int_{-a}^{a} f(x)\mathrm{d}x = 2\int_{0}^{a} f(x)\mathrm{d}x$；

(2)若$f(x)$在$[-a,a]$上连续且为奇函数，则$\int_{-a}^{a} f(x)\mathrm{d}x = 0$。

基本能力训练

1. 单项选择题

(1)已知$F'(x) = f(x)$，则$\int_{1}^{2} f(2x)\mathrm{d}x$是下列选项中的哪一个？（　　）

A. $2F(4) - 2F(2)$　　B. $\frac{1}{2}F(4) - \frac{1}{2}F(2)$

C. $2F(2) - 2F(1)$　　D. $F(2) - F(1)$

(2)令$t = \sqrt{x}$，则$\int_{1}^{4} f(\sqrt{x})\mathrm{d}x$是下列选项中的哪一个？（　　）

A. $\int_{1}^{2} f(t)\mathrm{d}t$　　B. $\int_{1}^{2} 2tf(t)\mathrm{d}t$　　C. $\int_{1}^{4} tf(t)\mathrm{d}t$　　D. $\int_{1}^{4} f(t)\mathrm{d}t$

(3)若$F'(x) = f(x)$，则$\int_{a}^{x} f(t+a)\mathrm{d}t$是下列选项中的哪一个？（　　）

A. $F(x) - F(a)$　　B. $F(t) - F(a)$

C. $F(x+a) - F(2a)$　　D. $F(t+a) - F(2a)$

2. 计算题

(1) $\int_{0}^{\frac{\pi}{2}} \sin\varphi \cos^2\varphi \mathrm{d}\varphi$；　　(2) $\int_{0}^{1} \frac{x}{x^2+1}\mathrm{d}x$；

(3) $\int_{1}^{e}\frac{\ln x}{x}dx$；

(4) $\int_{2}^{2\sqrt{3}}\frac{1}{4+x^2}dx$；

(5) $\int_{0}^{2}e^{|x-1|}dx$；

(6) $\int_{0}^{8}\frac{x}{1+\sqrt{1+x}}dx$；

(7) $\int_{4}^{9}\frac{1}{1+\sqrt{x}}dx$；

(8) $\int_{-\sqrt{3}}^{\sqrt{3}}\frac{x^2\sin x}{1+2x^2+x^4}dx$。

拓展能力训练

1. 填空题

(1) $\int_{-2}^{2}\frac{x^4[f(x)-f(-x)]}{1+\cos x}dx=$ ________；

(2)若 $\int_{1}^{2}\frac{f(\ln x)}{x}dx=\int_{a}^{b}f(t)dt$，则 $a=$ ________，$b=$ ________；

(3)设 $\int_{0}^{x}tf(t)dt=e^x$，则 $\int_{0}^{\sqrt{\ln 2}}x^3f(x^2)dx=$ ________。

2. 计算题

(1) $\int_0^{\sqrt{3}a}\frac{x}{\sqrt{3a^2-x^2}}\mathrm{d}x$,($a>0$)。

(2) $\int_{-1}^{1}(x+\sqrt{1-x^2})^2\mathrm{d}x$ 。

(3) 设 $f(x)=\begin{cases}1+x^2, & x\leqslant 0\\ \mathrm{e}^x, & x>0\end{cases}$,计算 $\int_1^3 f(x-2)\mathrm{d}x$ 。

3. 证明题

(1) 设 $f(x)$ 为连续函数,试证明: $\int_1^2 f(3-x)\mathrm{d}x=\int_1^2 f(x)\mathrm{d}x$ 。

(2) 设函数 $f(x)$ 在 $[0,2a]$ 上连续,试证明: $\int_0^{2a}f(x)\mathrm{d}x=\int_0^a[f(x)+f(2a-x)]\mathrm{d}x$,并由

此计算 $\int_0^{\pi}\frac{x\sin x}{1+\cos^2 x}dx$ 。

学习任务4　定积分分部积分法的应用

内容概要

定积分的分部积分法：

若函数 $u=u(x)$，$v=v(x)$ 在区间 $[a,b]$ 上具有连续导数 $u'(x)$ 和 $v'(x)$，则

$$\int_a^b u\mathrm{d}v=[uv]_a^b-\int_a^b v\mathrm{d}u$$

式中 u、$\mathrm{d}v$ 的选择规律与不定积分相同。

基本能力训练

(1) $\int_0^1 x\mathrm{e}^{-2x}\mathrm{d}x$;

(2) $\int_0^{2\pi} x\sin x\mathrm{d}x$;

(3) $\int_{\frac{1}{e}}^{\mathrm{e}} |\ln x|\mathrm{d}x$;

(4) $\int_0^1 x\arctan x\mathrm{d}x$;

(5) $\int_0^{\frac{\pi}{2}} e^x \sin x dx$

拓展能力训练

(1) $\int_0^4 e^{\sqrt{x}} dx$；

(2) $\int_0^{\pi^2} \sin \sqrt{x} dx$；

(3)已知$f(0)=1, f(2)=3, f'(2)=5$，计算$\int_0^1 x f''(2x) dx$。

学习任务5　广义积分的计算

内容概要

无穷区间上的广义积分:

定义1　设$f(x)$在$[a, +\infty)$上连续,任取$b > a$。如果极限$\lim\limits_{b \to +\infty}\int_a^b f(x)\mathrm{d}x$存在,则称此极限为函数$f(x)$在无穷区间$[a, +\infty)$上的广义积分,记作$\int_a^{+\infty} f(x)\mathrm{d}x$,即

$$\int_a^{+\infty} f(x)\mathrm{d}x = \lim_{b \to +\infty}\int_a^b f(x)\mathrm{d}x$$

这时也称广义积分$\int_a^{+\infty} f(x)\mathrm{d}x$收敛;如果上述极限不存在,则称广义积分$\int_a^{+\infty} f(x)\mathrm{d}x$发散。这时记号$\int_a^{+\infty} f(x)\mathrm{d}x$不再表示数值了。

类似地,设函数$f(x)$在区间$(-\infty, b]$上连续,任取$a < b$。如果极限$\lim\limits_{a \to -\infty}\int_a^b f(x)\mathrm{d}x$存在,则称此极限为函数$f(x)$在无穷区间$(-\infty, b]$上的广义积分,记作$\int_{-\infty}^b f(x)\mathrm{d}x$,即

$$\int_{-\infty}^b f(x)\mathrm{d}x = \lim_{a \to -\infty}\int_a^b f(x)\mathrm{d}x。$$

这时也称广义积分$\int_{-\infty}^b f(x)\mathrm{d}x$收敛;如果上述极限不存在,就称广义积分$\int_{-\infty}^b f(x)\mathrm{d}x$发散。

定义2　设函数$f(x)$在区间$(-\infty, +\infty)$上连续,如果广义积分

$$\int_{-\infty}^c f(x)\mathrm{d}x \text{ 和 } \int_c^{+\infty} f(x)\mathrm{d}x$$

都收敛,则称上述两广义积分之和为函数$f(x)$在无穷区间$(-\infty, +\infty)$上的广义积分,记作$\int_{-\infty}^{+\infty} f(x)\mathrm{d}x$,即

$$\begin{aligned}\int_{-\infty}^{+\infty} f(x)\mathrm{d}x &= \int_{-\infty}^c f(x)\mathrm{d}x + \int_c^{+\infty} f(x)\mathrm{d}x \\ &= \lim_{a \to -\infty}\int_a^c f(x)\mathrm{d}x + \lim_{b \to +\infty}\int_c^b f(x)\mathrm{d}x\end{aligned}$$

其中c为任意常数,这时也称广义积分$\int_{-\infty}^{+\infty} f(x)\mathrm{d}x$收敛;否则就称广义积分$\int_{-\infty}^{+\infty} f(x)\mathrm{d}x$发散。

为书写简便,若$F'(x) = f(x)$,则可记$\int_a^{+\infty} f(x)\mathrm{d}x = [F(x)]\Big|_a^{+\infty} = F(+\infty) - F(a)$。其中,$F(+\infty)$应理解为$\lim\limits_{x \to +\infty}F(x)$,而$\int_{-\infty}^b f(x)\mathrm{d}x$和$\int_{-\infty}^{+\infty} f(x)\mathrm{d}x$也有类似的简写法。

基本能力训练

1. 单项选择题

(1) 广义积分 $\int_a^{+\infty} e^{-x^2} dx$ 的定义是下列选项中的哪个？（　　）

A. $\lim\limits_{x\to\infty}\int_a^x e^{-t^2} dt$　　B. $\lim\limits_{t\to\infty}\int_a^x e^{-t^2} dt$

C. $\lim\limits_{x\to+\infty}\int_a^x e^{-t^2} dt$　　D. $\lim\limits_{x\to-\infty}\int_a^x e^{-t^2} dt$

(2) $\int_{-\infty}^{+\infty} f(x) dx$ 收敛是 $\int_0^{+\infty} f(x) dx$ 与 $\int_{-\infty}^0 f(x) dx$ 都收敛的什么条件？（　　）

A. 充分条件　　B. 必要条件　　C. 充要条件　　D. 无关条件

(3) 下列哪个选项广义积分是收敛的？（　　）

A. $\int_1^{+\infty} \ln x dx$　　B. $\int_1^{+\infty} \frac{dx}{x}$　　C. $\int_1^{+\infty} \frac{dx}{x^2}$　　D. $\int_1^{+\infty} e^x dx$

(4) $\int_1^{+\infty} x e^{-x^2} dx$ =（　　）

A. $\frac{1}{2e}$　　B. $-\frac{1}{2e}$　　C. e　　D. $+\infty$

2. 填空题

讨论广义积分 $\int_1^{+\infty} \frac{dx}{x^p}$ 的敛散性，当 p ________ 时收敛，且收敛值是 ________；当 p ________ 时发散。

3. 计算题

(1) $\int_2^{+\infty} \frac{dx}{x^4}$；　　(2) $\int_1^{+\infty} x e^{-x} dx$；

(3) $\int_{-\infty}^{+\infty}\frac{\mathrm{d}x}{9+3x^2}$。

拓展能力训练

1. 计算题

设 $\lim\limits_{x\to+\infty}\left(\frac{x+a}{x-a}\right)^x=\int_{-\infty}^{a}t\mathrm{e}^{2t}\mathrm{d}t$,求 a 的值。

2. 解答题

当 k 为何值时,广义积分 $\int_{2}^{+\infty}\frac{\mathrm{d}x}{x(\ln x)^k}$ 收敛？又 k 为何值时,广义积分发散？

3. 证明题

单位脉冲函数 δ—函数(狄拉克函数)满足以下条件:

$$\delta(t)=\begin{cases}0, & t\neq0\\ \infty, & t=1\end{cases},$$

证明：$\int_{-\infty}^{+\infty} \delta(t)\,\mathrm{d}t = 1$。

4. 应用题

电力需求的电涌时期，消耗电能的速度 r 可以近似地表示为 $r = t\mathrm{e}^{-2t}$（单位：h），求当 $t \to \infty$ 时总电能 E 是多少？

学习单元三　定积分的应用

学习任务1　用定积分求平面图形面积

内容概要

1. 定积分的微元法（或元素法）

（1）确定积分变量 x（或 y），并求出相应的积分区间 $[a,b]$；

（2）在 $[a,b]$ 上任取一小区间 $[x,x+\mathrm{d}x]$，并在小区间上找出所求量 Q 的微元 $\mathrm{d}Q=f(x)\mathrm{d}x$；

（3）写出所求量 Q 的积分表达式 $Q=\int_a^b f(x)\mathrm{d}x$，进而计算它的值。

按上述步骤解决实际问题的方法叫做定积分的微元法。

2. 平面图形面积

如图 3-3-1 所示，面积微元为

$$\mathrm{d}A=[f(x)-g(x)]\mathrm{d}x,$$

则

$$\text{面积 } A=\int_a^b[f(x)-g(x)]\mathrm{d}x。$$

如图 3-3-2 所示，面积微元为

$$\mathrm{d}A=[\varphi(y)-\psi(y)]\mathrm{d}y,$$

则

$$\text{面积 } A=\int_c^d[\varphi(y)-\psi(y)]\mathrm{d}y。$$

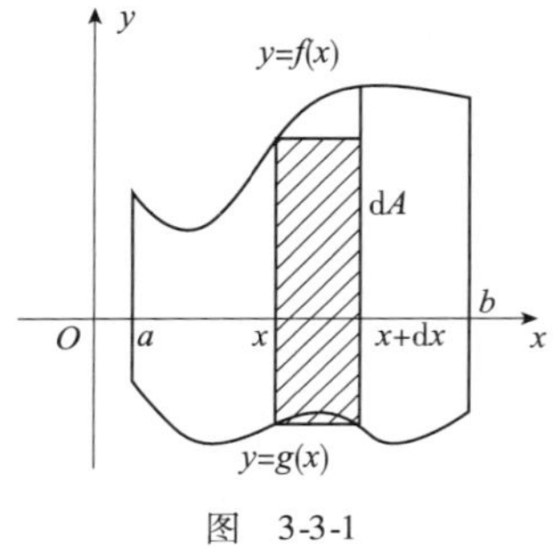

图　3-3-1

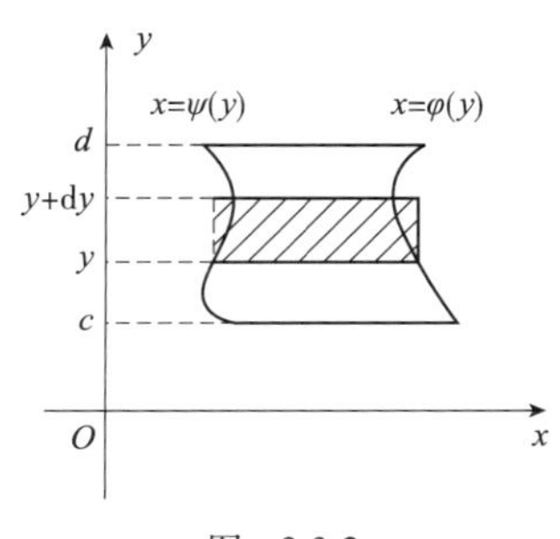

图　3-3-2

基本能力训练

1. 单项选择题

(1)已知曲线 $y = x^n (x > 0, n > 0)$ 与直线 $y = 1$ 及 y 轴所围成的平面图形的面积为 $\frac{1}{3}$，则 n 为何值？(　　)

A. $\frac{1}{2}$　　B. $\frac{1}{3}$　　C. $\frac{2}{3}$　　D. $\frac{3}{2}$

(2)下列哪个式子为曲线 $y = \sin x$ 在 $[0,2\pi]$ 上与 x 轴所围成的平面图形的面积？(　　)

A. $\int_0^{2\pi} \sin x \mathrm{d}x$　　B. $-\int_0^{2\pi} \sin x \mathrm{d}x$

C. $\int_0^{\pi} \sin x \mathrm{d}x + \int_{\pi}^{2\pi} \sin x \mathrm{d}x$　　D. $\int_0^{\pi} \sin x \mathrm{d}x - \int_{\pi}^{2\pi} \sin x \mathrm{d}x$

(3)已知 $y = x^2$ 与它在 $x = a(a > 0)$ 处切线及 y 轴所围成的面积是 a，则 a 为何值？(　　)

A. $\sqrt{3}$　　B. $\frac{\sqrt{3}}{3}$　　C. $\sqrt{2}$　　D. $\frac{\sqrt{2}}{2}$

2. 应用题

(1)求由曲线 $y = x^2$ 与直线 $x + y = 2$ 所围成的平面图形的面积。

(2)求由曲线 $xy = 1$ 与直线 $y = x$、$x = 2$ 所围成的平面图形的面积。

(3)求由 $y = 3 - x^2$ 及直线 $y = 2x$ 所围成的平面图形的面积。

(4)求由 $y^2 = 4x$ 与 $y = x - 3$ 所围成的平面图形的面积。

拓展能力训练

应用题

(1)求由曲线 $y = x^2$ 及直线 $y = x$、$y = 2x$ 所围成的平面图形的面积。

(2)一个工程师正在用 Auto CAD 设计一小区游泳池,游泳池的表面是由曲线 $y = \dfrac{800x}{(x^2 + 10)^2}$,$y = 0.5x^2 - 4x$ 以及 $x = 8$ 围成的图形,如图 3-3-3 所示。试求此游泳池的表面面积。

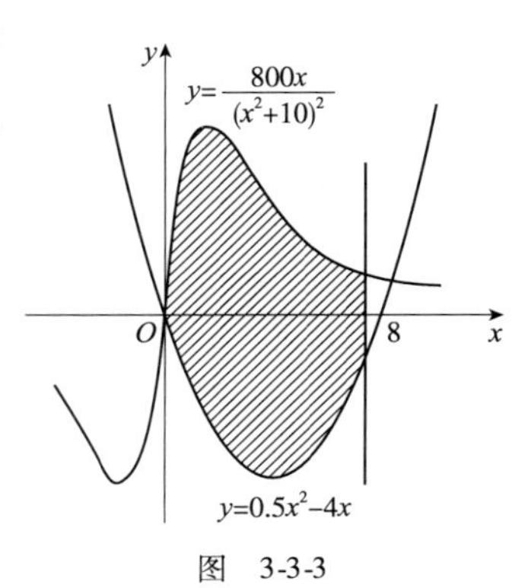

图　3-3-3

(3)已知直线 $y = ax + b$ 过(0,1)点，当直线 $y = ax + b$ 与抛物线 $y = x^2$ 所围图形面积最小时，a、b 应取何值？

学习任务2 用定积分求旋转体体积

内容概要

由连续曲线 $y = f(x)$ 、直线 $x = a$, $x = b$ ($a < b$)及 x 轴所围成的曲边梯形绕 x 轴旋转一周而成的立体(图 3-3-4)的体积为

$$V_x = \int_a^b \pi [f(x)]^2 dx = \int_a^b \pi y^2 dx$$

类似地，由曲线 $x = \varphi(y)$ 和直线 $y = c, y = d$ 及 y 轴所围成的曲边梯形绕 y 轴旋转一周(图3-3-5)，所得的旋转体体积为

$$V_y = \pi \int_c^d [\varphi(y)]^2 dy = \pi \int_c^d x^2 dy$$

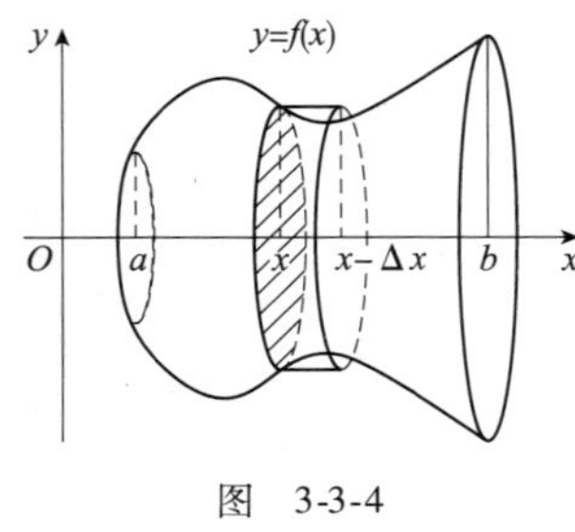

图 3-3-4

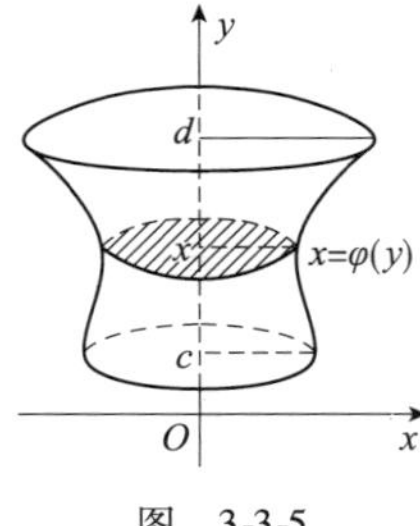

图 3-3-5

基本能力训练

应用题

（1）求由双曲线 $xy = a(a > 0)$ 与直线 $x = a, x = 2a$ 及 x 轴所围成的图形绕 x 轴旋转所得的旋转体的体积。

（2）机器底座的体积。

某厂研发的一台机器，它的底座是由曲线 $y = 8 - x^3$ 与直线 $y = 3$ 及 x 轴、y 轴围成的平面图形（图 3-3-6）绕 y 轴旋转而成，试求此底座的体积。

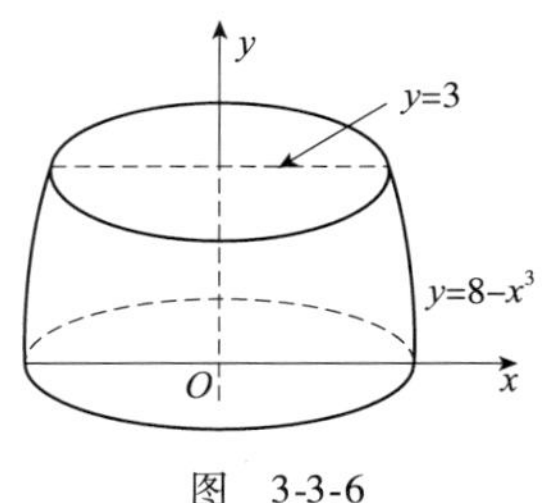

图　3-3-6

拓展能力训练

应用题

求由抛物线 $y^2 = 2x$ 与直线 $y = 2x - 2$ 所围成图形的面积及图形绕 x 轴、y 轴旋转所得的旋转体的体积。

学习任务3 用定积分解决工程中的问题

内容概要

1. 平面图形的静矩和形心

平面图形(图 3-3-7)面积 A 对 x 轴的静矩 S_x 等于静矩微元 $\mathrm{d}S_x$ 在整个平面图形上的积分。即

$$S_x = \int_A \mathrm{d}S_x = \int_A y\mathrm{d}A$$

同样地,平面图形面积 A 对 y 轴的静矩 S_y 等于静矩微元 $\mathrm{d}S_y$ 在整个平面图形上的积分,即 $S_y = \int_A \mathrm{d}S_y = \int_A x\mathrm{d}A$ 。

2. 形心

由曲线 $y = f(x)$,直线 $x = a$ 、$x = b$ $(a < b)$ 及 x 轴所围成的曲边梯形(图 3-3-8)的形心坐标为:

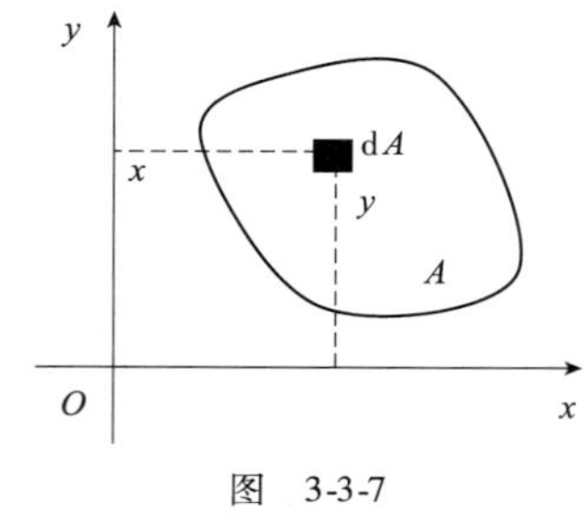

图 3-3-7

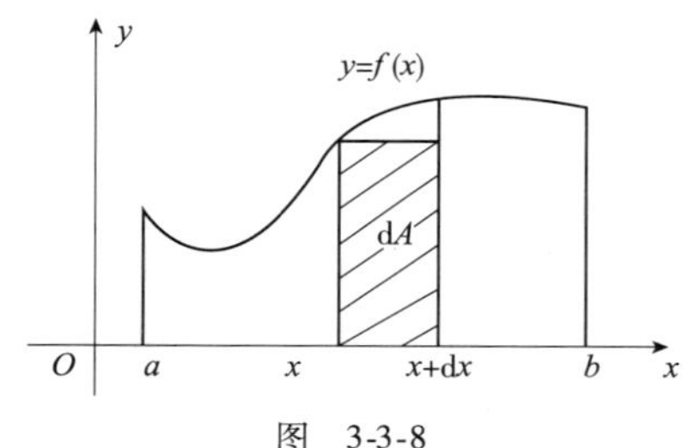

图 3-3-8

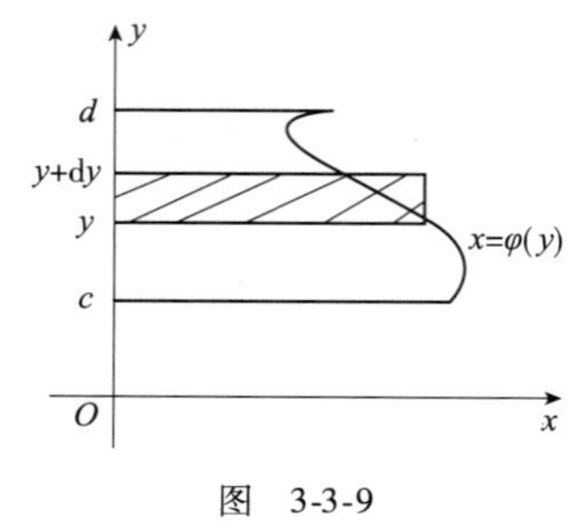

图 3-3-9

$$x_c = \frac{S_y}{A} = \frac{\int_a^b xf(x)\mathrm{d}x}{\int_a^b f(x)\mathrm{d}x},\ y_c = \frac{S_x}{A} = \frac{\int_a^b \frac{1}{2}f^2(x)\mathrm{d}x}{\int_a^b f(x)\mathrm{d}x}$$

由 $x = \varphi(y)$ 和直线 $y = c$, $y = d$ $(c < d)$ 以及 y 轴所围成的曲边梯形(图 3-3-9)的形心 (x_c, y_c) 的积分表达式为

$$x_c = \frac{S_y}{A} = \frac{\frac{1}{2}\int_a^b \varphi^2(y)\mathrm{d}y}{\int_c^d \varphi(y)\mathrm{d}y},\ y_c = \frac{S_x}{A} = \frac{\int_c^d y\varphi(y)\mathrm{d}y}{\int_c^d \varphi(y)\mathrm{d}y}$$

3. 平面图形的惯性矩

如图 3-3-7 所示的平面图形对 x 轴、y 轴的惯性矩分别是:

$$I_x = \int_A y^2\mathrm{d}A,\ I_y = \int_A x^2\mathrm{d}A$$

其中 $\mathrm{d}A$ 是平面图形的面积微元。

4. 分布荷载的力矩

如图 3-3-10 所示,一水平梁上受分布荷载的作用,其荷载集度(杆件单位长度上的荷载)为 $q(x)$ (N/m),梁长为 l (m)。该分布荷载对梁左端点 O 的力矩为

$$M_0 = \int_0^l xq(x)\,\mathrm{d}x$$

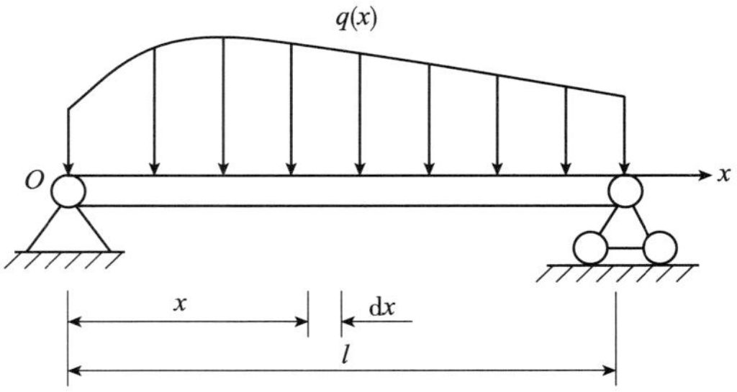

图　3-3-10

5. 平均值

连续函数 $y = f(x)$ 在 $[a,b]$ 上一切值的平均值 $\bar{y}$ 的计算公式为

$$\bar{y} = \frac{1}{b-a}\int_a^b f(x)\,\mathrm{d}x\text{。}$$

说明:(1)在电工学中,交流电电流的平均值定义为 $\bar{i}\,\frac{1}{T}\int_0^T |i|\,\mathrm{d}t$ 。

即一周期内函数绝对值的平均值称为该周期函数的平均值。其中 T 为周期。

(2)交流电电压的平均值为 $\bar{u} = \frac{1}{T}\int_0^T |u|\,\mathrm{d}t$ 。

(3)交流电的平均功率为 $\overline{P} = \frac{1}{T}\int_0^T Ri^2(t)\,\mathrm{d}t$ 。

6. 变力做功

计算公式为: $W = \int_a^b F(x)\,\mathrm{d}x$ 。

基本能力训练

应用题

(1)在弹簧弹性限度内,外力拉长或压缩弹簧,需要克服弹力做功。已知弹簧每拉长 0.02m要用 9.8N 的力,求把弹簧拉长 0.1m 时,外力所做的功。

(2)设有一竖直倒放的等腰梯形的闸门(即下底在上,上底在下),它的上下两底分别为4m和6m,高为6m,求当梯形下底边与水面齐平时,闸门一侧所受的水的压力。

(3)求自由落体运动的物体从0至t秒这段时间内的平均速度。

(4)某电容元件,其两端的瞬时电压为$u = 10\sqrt{2}\sin\omega t$,通过的电容电流为$i = 2\sqrt{2}\cos\omega t$。求该电容元件一周期内的平均功率。

(5)求由曲线$x^2 = y$,x轴和直线$x = 1$所围成的图形的S_x、S_y及形心坐标。

(6)一水平梁上受分布荷载的作用,如图 3-3-11 所示,其荷载集度 $q(x) = x^2$ (N/m),梁长 l 为4(m)。试求该分布荷载对梁左端点 O 的力矩 M_0 。

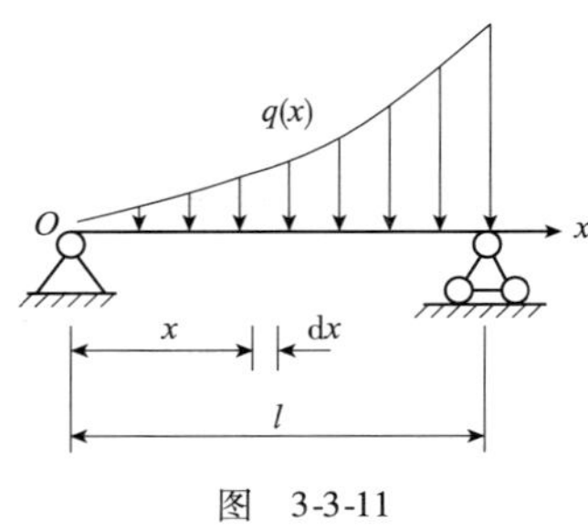

图　3-3-11

拓展能力训练

应用题 清除井底污泥所做的功。

某工程队为清除井底的污泥,用缆绳将抓斗放进井底,装满污泥后提出井口,如图3-3-12所示,已知井深 30m,抓斗自重 400N,缆绳每米重 50N,抓斗抓起的污泥重 2 000N,提升速度为 3m/s,在提升的过程中,污泥以 20N/s 的速率从抓斗的缝隙中漏掉,求克服重力需要做多少焦耳的功?(抓斗的高度及位于井口上方的缆绳长度忽略不计)

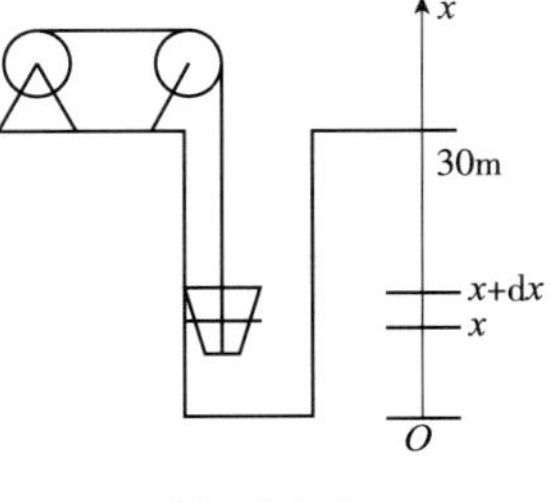

图　3-3-12

第四阶段自测题

1. 单项选择题

(1)设$f(x)$是连续函数，且$\int f(x)\mathrm{d}x = F(x) + C$（$C$为任意常数），则下列哪个选项等式不成立？（　　）

A. $\int f(ax+b)\mathrm{d}x = \frac{1}{a}F(ax+b) + C \quad (a \neq 0)$

B. $\int f(x^n)x^{n-1}\mathrm{d}x = F(x^n) + C \quad (n \neq 0)$

C. $\int f(\ln ax)\frac{1}{x}\mathrm{d}x = F(\ln ax) + C$

D. $\int f(\mathrm{e}^x)\mathrm{e}^x\mathrm{d}x = F(\mathrm{e}^x) + C$

(2)若$\frac{\ln x}{x}$为$f(x)$的一个原函数，则$\int xf'(x)\mathrm{d}x$等于什么？（　　）

A. $\frac{\ln x}{x} + C$　　B. $\frac{1+\ln x}{x^2} + C$　　C. $\frac{1}{x} + C$　　D. $\frac{1}{x} - \frac{2\ln x}{x} + C$

(3)设$f(x)$为可导函数，则（　　）。

A. $\int f(x)\mathrm{d}x = f(x)$　　B. $\int f'(x)\mathrm{d}x = f(x)$

C. $\left(\int f(x)\mathrm{d}x\right)' = f(x)$　　D. $\left(\int f(x)\mathrm{d}x\right)' = f(x) + C$

(4)在切线斜率为$2x$的积分曲线族中，下例哪条曲线是通过点$(4,1)$的曲线方程？（　　）

A. $y = x^2 + 1$　　B. $y = x^2 - 15$　　C. $y = x^2 + 4$　　D. $y = x^2 + 15$

(5)设$f(x) = \begin{cases} \sqrt{x}, & 0 \leqslant x \leqslant 1 \\ \mathrm{e}^{-x}, & 1 < x \leqslant 2 \end{cases}$，则$\int_0^2 f(x)\mathrm{d}x$的值是什么？（　　）

A. $\mathrm{e}^{-1} + \mathrm{e}^{-2} + \frac{2}{3}$　　B. $\mathrm{e}^{-1} + \mathrm{e}^{-2} - \frac{2}{3}$

C. $\mathrm{e}^{-1} - \mathrm{e}^{-2} + \frac{2}{3}$　　D. $\mathrm{e}^{-1} - \mathrm{e}^{-2} - \frac{2}{3}$

(6) $F(x) = \int_x^a \arcsin t\mathrm{d}t$，则$F'(0)$的值是什么？（　　）

A. -1　　B. 0　　C. 1　　D. a

(7)下列选项中哪个可直接运用牛顿—莱布尼兹公式计算？（　　）

A. $\int_0^2 \frac{x^3}{x^2-1}\mathrm{d}x$　　B. $\int_{-1}^1 \frac{x}{\sqrt{1-x^2}}\mathrm{d}x$

C. $\int_{1}^{27} \frac{1}{\sqrt[3]{x}} dx$　　D. $\int_{\frac{1}{e}}^{e} \frac{1}{x\ln x} dx$

(8)设 $f'(x)$ 在 $[1,2]$ 上可积，且 $f(1) = 1$、$f(2) = 1$、$\int_{1}^{2} f(x) dx = -1$。则 $\int_{1}^{2} xf'(x) dx$ 的值是什么？(　　)

A. 2　　B. 1　　C. 0　　D. -1

(9)下列哪个表达式是由曲线 $y = e^x$、$x = 0$, $y = 2$ 所围成的曲边梯形的面积？(　　)

A. $\int_{1}^{2} \ln y dy$　　B. $\int_{1}^{\ln 2} \ln y dy$

C. $\int_{0}^{e^2} e^x dx$　　D. $\int_{1}^{2} (2 - e^x) dx$

(10)设 $f(x) = \begin{cases} 0, & x < 0 \\ e^{-\lambda x}, & x \geqslant 0 \end{cases}$，$(\lambda > 0)$，则广义积分 $\int_{-\infty}^{+\infty} f(x) dx$ 的值是什么？(　　)

A. $\frac{1}{\lambda}$　　B. λ　　C. $-\frac{1}{\lambda}$　　D. ∞

2. 填空题

(1)若 $\int f(x) dx = \frac{x+1}{x-1} + C$，则 $f(x) =$ ________。

(2)若 $f(x) = x + \sqrt{x} (x > 0)$，则 $\int f'(x^2) dx =$ ________。

(3) $\int_{0}^{\frac{\pi}{2}} \sin x \cos^2 x dx =$ ________。

(4)设 $f(x) = \frac{Ax}{1+x^2}$ 在区间$[0,2]$上的平均值为 $\ln 5$，则 $A =$ ________。

(5) $\frac{d}{dx}\left(\int_{a}^{b} e^{ax} \cos bx dx\right) =$ ________。

3. 计算题

(1) $\int \frac{(t+1)^2}{t^2} dt$；　　(2) $\int \frac{\cos 2x}{(\sin x + \cos x)^3} dx$；

(3) $\int_{-2}^{2} \frac{x + |x|}{2 + x^2} dx$；

(4) $\int_{0}^{1} \frac{x + \arcsin x}{\sqrt{1 - x^2}} dx$；

(5) $\int_{-1}^{3} e^{\sqrt{x+1}} dx$。

4. 应用题

已知抛物线 $y^2 = 4(1 - x)$ 在点(0,2)处与一直线相切，试求由抛物线、切线及 x 所围成的平面图形的面积及此图形绕 x 轴旋转而成的旋转体体积。

模块四

一元函数微积分问题的MATLAB操作

学习任务1 MATLAB 基本操作

内容概要

1. MATLAB 变量命名规则

(1)变量名必须是不含空格的单个词；

(2)变量名区分大小写；

(3)变量名最多不超过 63 个字符；

(4)变量名必须以字母开头,之后可以是任意字母、数字或下划线,变量名中不允许使用标点符号；

(5)特殊变量命名见教材。

2. 符号变量的创建

sym　a:表示一次创建一个符号变量；

syms a　b　x　y:表示一次创建多个符号变量；

sym('x'):表示创建一个符号变量 x,它可以是字符、字符串或字符表达式。

3. MATLAB 基本运算符

见教材第 1 章 1.4。

4. MATLAB 数学函数

见教材第 1 章 1.4。

5. 符号代数式的运算和变换

expand(F):将符号表达式 F 展开；

factor(F):将符号表达式 F 因式分解；

simplify(F):将符号表达式 F 化简。

6. 代数方程求解

s = solve('f')表示求方程 $f = 0$ 的根,变量由系统默认；

s = solve('f','x')或 s = solve('f = 0','x')表示求方程 $f(x) = 0$ 的根,指定变量为 x；

[x1,x2,…,xn] = solve('eq1','eq2',…,'eqn')表示求方程组的解,其中,x1,x2,…,xn 表示需要求解方程的变量名,eqi 表示第 i 个方程的符号表达式。

7. MATLAB 绘制平面曲线的图形

(1)利用 plot 函数绘制函数图像

Plot(x,y,'s1,s2,…')　　　%绘制以 x、y 为横、纵坐标的二维曲线,s1、s2、…是用来指定线型、颜色的字符参数,多个参数之间用空格隔开,基本线型和颜色见教材第 1 章 1.4。

（2）利用 ezplot 函数绘制函数图像

ezplot(func,[min,max])，其中，func 为需要绘图的函数，[min,max]为自变量的范围，如果用户不定义自变量范围，则指令默认为范围为[-2π, 2π]上的图形。

基本能力训练

1. 单项选择题

（1）下列变量名中（　　）是合法的。

A. char_1　　B. a. 1　　C. x\y　　D. 1bcx

（2）在 MATLAB 中，（　　）用于括住字符串。

A. ;　　B. ;;　　C. " ;　　D. " " 。

（3）运行以下命令：

```
>>x=[1 2 3;4 5 6];y=x+x*I;plot(y)
```

则在图形窗口中绘制（　　）条曲线。

A. 3　　B. 2　　C. 6　　D. 4

（4）运行以下命令：

```
>>x=[1 2 3;4 5 6];plot(x,x,x,2*x)
```

则在图形窗口中绘制（　　）条曲线？

A. 4　　B. 6　　C. 3　　D. 5

2. 计算机操作题（写出 MATLAB 操作命令）

（1）计算题

① $\frac{2}{5}+3\sqrt{21}$；　　② $\arcsin 0.8+2\arctan 5$；

③ $\cos 55^\circ 15'+\tan 23^\circ 20'$；　　④ $\frac{5}{\ln 2}-|\sin(-1020^\circ)|+e^2$。

(2)设$f(x)=\dfrac{x\sqrt{1+x^2}}{1+2x\sin(x)}$,求$f\left(\dfrac{\pi}{4}\right)$。

(3)求函数$y_1=x^3+x-3$,$y_2=2x-2$的和、差、积、商,并进行化简。

(4)将下列式子因式分解

①x^3+x^2-4x-4;　　②x^8-64。

(5)解下列方程或方程组

①$x^3-x^2+3x-3=0$;

②$\begin{cases} x_1+x_2+x_3+x_4=10 \\ x_1-x_2+2x_3-x_4=1 \\ 2x_1-x_2-x_3+2x_4=5 \\ 2x_1-x_2+2x_3-x_4=2 \end{cases}$。

(6)用"红色、+号"作函数$y=x^3+2x-1$的二维图形。

(7)在同一坐标系中作出下列函数的图形：

① $y = \sin x$ 与 $y = \cos x$，$x \in [-2\pi, 2\pi]$；

② $y = x^3 - x - 1$ 与 $y = |x|^{0.2}\sin(5x)$，$x \in [-1, 2]$。

拓展能力训练

计算机操作题

1. 作分段函数 $y = \begin{cases} x+1, & -2 \leqslant x \leqslant 1 \\ \ln x, & 1 < x \leqslant 4 \end{cases}$ 的图形，两段图像用不同的颜色区分。

2. 绘制隐函数 $x^2 + y^2 - 4xy + e = 0 \left(x \in [-8, 8]\right)$ 的图像。

学习任务2　一元函数微积分问题的 MATLAB 操作

内容概要

1. MATLAB 求极限命令

limit(f,x,a):表示求 $\lim\limits_{x\to a}f(x)$;

limit(f,x,a,'left'):表示求 $\lim\limits_{x\to a^+}f(x)$;

limit(f,x,a,'right'):表示求 $\lim\limits_{x\to a^-}f(x)$;

limit(f,x,inf):表示求 $\lim\limits_{x\to\infty}f(x)$;

limit(f,x,-inf):表示求 $\lim\limits_{x\to-\infty}f(x)$;

limit(f,x,+inf):表示求 $\lim\limits_{x\to+\infty}f(x)$。

说明:limit(f)表示求表达式 f 中的自变量(系统默认自变量为 x)趋向于 0 时的极限。

2. MATLAB 求导数命令

(1)显函数求导

diff(f,x):以 x 为自变量,求 f 对 x 的一阶导数。

diff(f,x,n):以 x 为自变量,求 f 对 x 的 n 阶导数。

g = diff(f,x,n);x = x0;eval(g):求函数 $f=f(x)$ 在 $x=x_0$ 处的 n 阶导数。

(2)隐函数求导

由已知方程 $F(x,y)=0$ 所确定的隐函数 $y=y(x)$ 可导,求 $\frac{\mathrm{d}y}{\mathrm{d}x}$。

```
>>dfx = diff(F,x);dfy = diff(F,y);% 求函数 F 分别对 x、y 的偏导数 dFx 及 dFy
>>g = -dfx/dfy
```

(3)参数方程求导

已知参数方程 $\begin{cases}x=g(t)\\y=f(t)\end{cases}$,求 $\frac{\mathrm{d}y}{\mathrm{d}x}$。

```
>>dx = diff(x,t);dy = diff(y,t);dy/dx
```

3. MATLAB 求极值命令:

[xmin,ymin] = fminbnd('f',a,b)

表示求函数 $y=f(x)$ 在区间 (a,b) 上的极小值,但它只能给出连续函数的局部最优解;

[xmax,ymax] = fminbnd('-f',a,b)

表示求函数 $y=f(x)$ 在区间 (a,b) 上的极大值,这里极大值要取出输出量 ymax 的相反数。

4. MATLAB 求积分命令

int(f,x)：表示求 $\int f(x)\mathrm{d}x$；

int(f,x,a,b)：表示求 $\int_a^b f(x)\mathrm{d}x$；

int(f,x,a,+inf)：表示求 $\int_a^{+\infty} f(x)\mathrm{d}x$；

int(f,x,-inf,b)：表示求 $\int_{-\infty}^b f(x)\mathrm{d}x$；

int(f,x,-inf,+inf)：表示求 $\int_{-\infty}^{+\infty} f(x)\mathrm{d}x$。

基本能力训练

计算机操作题

1. 利用 MATLAB 求下列极限，并写出具体操作步骤：

(1) $\lim\limits_{x\to 2}\dfrac{x^2-3x-4}{x^2-4}$；

(2) $\lim\limits_{h\to 0}\dfrac{(x-h)^3-x^3}{h}$；

(3) $\lim\limits_{n\to\infty}(\sqrt{n+1}-\sqrt{n})\sqrt{n}$；

(4) $\lim\limits_{x\to 0}\dfrac{\tan x-\sin x}{x^2\sin x}$；

(5) $\lim\limits_{x\to+\infty}\left(1-\dfrac{1}{x}\right)^{\sqrt{x}}$；

(6) $\lim\limits_{x\to+\infty}\dfrac{x\cos\sqrt{x}}{1+x^2}$。

2. 利用 MATLAB 求下列函数的导数 $\frac{dy}{dx}$，并写出具体操作步骤：

(1) $y = \ln(x + \sqrt{x^2 + a^2})$；　　(2) $y = x\arctan x - e^{-x}$；

(3) $y = (\cos x)^{\sin x}$；　　(4) $y = x\arcsin\frac{x}{3} + \sqrt{9 - x^2} + \ln 2$

3. 已知函数 $f(x) = \frac{1}{1-x} + \frac{x^3}{3}$，求 $f'(0)$。

4. 求曲线 $y = x^3 + 2x$ 在 $x = 1$ 处的切线方程，并绘制其图像。

5. 已知函数 $y = \ln(x+1)$，利用 MATLAB 求 $y^{(5)}$，并写出具体操作步骤。

6. 利用 MATLAB 求下列积分，并写出具体操作步骤：

(1) $\int \sin^3 x\mathrm{d}x$；

(2) $\int \frac{\sqrt{x-1}}{x}\mathrm{d}x$；

(3) $\int \frac{(1+x)\mathrm{e}^x}{1+x\mathrm{e}^x}\mathrm{d}x$；

(4) $\int_1^4 (x^2-1)\mathrm{d}x$；

(5) $\int_0^{+\infty} t\mathrm{e}^{-t}\mathrm{d}t$；

(6) $\int_{-\infty}^{+\infty} \frac{\mathrm{d}x}{x^2+4x+5}$。

拓展能力训练

计算机操作题

1. 利用 MATLAB 求由下列方程所确定的隐函数 y 的导数 $\frac{\mathrm{d}y}{\mathrm{d}x}$，并写出操作步骤：

(1) $y^2-2xy+\mathrm{e}^2=0$；

(2) $y=\cos x+\frac{1}{2}\sin y$。

2. 设$f(x)=\begin{cases}\dfrac{\ln(1-3x)}{bx}, & x<0\\ 2, & x=0\\ \dfrac{\sin ax}{x}, & x>0\end{cases}$，试确定$a$、$b$，使函数$f(x)$为连续函数，并写出操作步骤。

3. 利用MATLAB求由参数方程$\begin{cases}x=2e^{t}\\ y=e^{-t}\end{cases}$给定的曲线在$t=0$处的切线方程，并写出操作步骤。

4. 利用MATLAB求函数$y=x^3-3x^2-9x+5$在$[-5,5]$的极值，并写出操作步骤。

第五阶段自测题

1. 填空题

(1)写出下列函数或符号在MATLAB中的表示式：

① $\sin x$ ＿＿＿＿＿＿；　② $\tan x$ ＿＿＿＿＿＿；　③ $|x|$ ＿＿＿＿＿＿；

④ arctan$x$ ________；　⑤ e^x ________；　⑥ ln$x$ ________；

⑦ $\log_2 x$ ________；　⑧π ________；　⑨ ∞ ________。

(2)一次创建多个符号变量的 MATLAB 命令是________。

(3)MATLAB 中的变量名必须以________开头。

(4)在 MATLAB 中,“ $a \times b$ ”表示为________; a^b 表示为________。

(5)在 MATLAB 中,是否区分大小写________(填“区分”或“不区分”)

2. 计算机操作题

(1)利用 MATLAB 计算：$\sqrt{38}\sin 25^\circ + e^2 - \ln 9$ 。

(2)已知函数 $f(x) = \arctan x + \sqrt{x^2 - 9} + |x - 1|$,求 $f(6)$ 。(要求写出 MATLAB 操作步骤)。

(3)写出求解方程组 $\begin{cases} x - y + z = 2 \\ 2x + y + z = 3 \\ x - y - 2z = 1 \end{cases}$ 的具体操作步骤和结果。

(4)作下列图形,要求写出 MATLAB 具体操作步骤。

①在同一坐标系中作出 $y = \sin 2x$ (用红色表示)与 $y = \cos\left(2x + \frac{\pi}{6}\right)$ (用黄色表示)的图形;

②作出分段函数 $f(x) = \begin{cases} x^2 + 1, & x \geqslant 0 \\ 1 - x, & x < 0 \end{cases}$ 的图形。

(5)利用 MATLAB 求下列极限,并写出具体操作步骤。

① $\lim\limits_{x\to 0}\dfrac{1-\cos 2x}{x\sin x}$；　　② $\lim\limits_{x\to 0^-}\dfrac{2^{\frac{1}{x}}-1}{2^{\frac{1}{x}}+1}$；

③ $\lim\limits_{x\to\infty}\left(\dfrac{x}{1+x}\right)^x$。

(6)利用 MATLAB 求下列函数的导数 $\dfrac{\mathrm{d}y}{\mathrm{d}x}$,并写出具体操作步骤。

① $y=2x\mathrm{e}^{x^2}+\sin 3x$；　　② $y=\sin(x+y)$。

(7)已知函数 $y=\ln(1+x)$,利用 MATLAB 求 $\dfrac{\mathrm{d}^4y}{\mathrm{d}x^4}\Big|_{x=0}$。

(8)利用 MATLAB 求下列积分,并写出具体的操作步骤。

①$\int \frac{x}{\sqrt{2-x^2}}\mathrm{d}x$；　　②$\int_{-2}^{4}\left(x+4-\frac{1}{2}x^2\right)\mathrm{d}x$；

③$\int_{0}^{+\infty}\mathrm{e}^{-\sqrt{x}}\mathrm{d}x$。

(9)利用 MATLAB 画出由曲线 $y=x^2-4$ 和直线 $y=x+2$ 所围成的平面图形,并求此平面图形的面积。

附录　部分习题参考答案

模块一　函数、极限与连续

学习单元一

学习任务1

基本能力训练

1. (1)C；(2)D；(3)D；(4)D；(5)C。

2. (1)$[2,+\infty)$；

(2)$f(t)=3\lg^2(1+t)+2\lg(1+t)$，$\varphi[f(x)]=\lg(1+3x^2+2x)$；

(3)$f[f(x)]=\dfrac{x-1}{x}$，$f[f(x)]=x$。

3. (1)①$y=u^2$，$u=\sin v$，$v=1-\dfrac{1}{x}$；　②$y=\ln u$，$u=\cos v$，$v=\sqrt{w}$，$w=1+x^2$。

(2)$[-1,3]$。

(3)$f(x)=x^2-x-4$，$f(2-x)=x^2-3x-2$。

拓展能力训练

(1)$[-3,-1]$。　(2)奇函数；

(3)$f(x)=3x^4-12x^3+16x^2-8x+5$；

(4)$f[\varphi(x)]=\begin{cases}e^{x+2}, & x<-1\\ x+2, & -1\leqslant x<0\\ e^{x^2-1}, & 0\leqslant x<\sqrt{2}\\ x^2-1, & x\geqslant\sqrt{2}\end{cases}$。

学习任务2

基本能力训练

(1) $y=\begin{cases}150x, & x\leqslant 600\\ 18\,000+120x, & 600<x\leqslant 1\,200\end{cases}$。 (2) $L=\dfrac{2S^2+32\sqrt{S}}{S}\quad(S>0)$。

(3) $S=24\pi x-2\pi x^2\quad(0<x<12)$。 (4) $S=(R+\sqrt{R^2-h^2})h\quad(0<h<R)$。

拓展能力训练

(1) $G=f(w)=\begin{cases}0.5w, & 0\leqslant w\leqslant 60\\ 0.8w-18, & 60<w\leqslant 90\\ 1.2w-54, & w>90\end{cases}$。 (2) $S=x\sqrt{2500-x^2}(0<x<50)$。

(3) ① $P=\begin{cases}90, & 0\leqslant x\leqslant 100\\ 91-0.01x, & 100<x<1\,600\\ 75, & x\geqslant 1\,600\end{cases}$；

② $L=(P-60)x=\begin{cases}30x, & 0\leqslant x<100\\ 31-0.01x^2, & 100<x<1\,600\\ 15x, & x\geqslant 1\,600\end{cases}$；

③ $L=21\,000$(元)。

学习单元二

学习任务1

基本能力训练

1. (1)B； (2)B； (3)B。

2. (1) $a_n=(-1)^{n-1}\dfrac{n+1}{n}$,不存在； (2) $a_n=\dfrac{n+(-1)^{n-1}}{n}$,1；

(3)0,3,不存在； (4)1,0,不存在。

3. (1) $\lim\limits_{x\to -2}f(x)=11$, $\lim\limits_{x\to 1}f(x)=-1$, $\lim\limits_{x\to 2}f(x)=-2$, $\lim\limits_{x\to 4}f(x)=4$； (2) $\frac{3}{4}$； (3) 2。

拓展能力训练

(1) $\frac{2}{3}$； (2) $\frac{13}{36}$； (3) $\frac{1}{4}$。

学习任务2

基本能力训练

1. (1) A； (2) D； (3) C。
2. (1) $-\frac{2}{3}$, 0； (2) $\frac{1}{2}$； (3) $\frac{1}{5}$； (4) $\frac{3}{2}$； (5) $k=-3$。
3. (1) ①3； ②0； ③ −1； ④$\frac{1}{4}$； ⑤1； ⑥$\frac{1}{2}$； ⑦$\frac{2\sqrt{2}}{3}$。

   (2) $a=1$, $b=-2$。

拓展能力训练

1. (1) $\frac{1}{2}$； (2) $\frac{1}{2}$； (3) $\frac{1}{1-x}$。
2. (1) $a=-4$, $b=10$； (2) $a=1$, $b=-1$。

学习任务3

基本能力训练

1. (1) D； (2) B； (3) D。
2. (1) 0, 1； (2) 3, 5； (3) e^6, e^4。
3. (1) $\frac{3}{5}$； (2) 2； (3) −3； (4) e^{-2}； (5) e^3； (6) e^{-2}。

拓展能力训练

(1)$\frac{1}{2}$； (2)4； (3)$\sqrt{2}a$； (4)e^3； (5)$e^{\frac{5}{3}}$。

学习任务4

基本能力训练

1.(1)D； (2)D； (3)B。

2.(1)$0,\infty$； (2)$-4,\frac{3}{2}$； (3)0,0。

3.(1)∞； (2)$\frac{1}{4}$； (3)$\frac{2}{3}$； (4)$\left(\frac{3}{2}\right)^9$； (5)$\frac{5}{2}$。

拓展能力训练

(1)$\frac{1}{3}$； (2)0； (3)$\frac{6}{5}$； (4)0； (5)$\frac{n}{m}$。

学习单元三

学习任务1

基本能力训练

1.(1)B； (2)D； (3)A； (4)B； (5)C。

2.(1)1； (2)-2； (3)5。

3.(1)连续区间:$(-\infty,+\infty)$； (2)连续区间:$(-\infty,0),(0,+\infty)$； (3)$a=2,b=0$；
(4)连续区间:$(-\infty,-3),(-3,2),(2,+\infty)$,$x=-3$为可去间断点,$x=2$为第二类间

断点。

拓展能力训练

(1)连续区间:$(-\infty,0)$、$(0,+\infty)$、$x=0$ 为第二类间断点。

(2)$a=b=2$; (3)$a=1,b=\mathrm{e}$; (4)$a=1,b=1-\frac{\pi}{2}$。

学习任务2

基本能力训练

(1)提示:在$(-3,-2)$、$(-2,0)$、$(0,4)$上分别用零点定理。
(2)提示:在$(-1,0)$上用零点定理。
(3)在$(0,1)$上用零点定理。

拓展能力训练

(1)提示:设 $F(x)=f(x)-x$,在(a,b)上满足零点定理。
(2)提示:设 $F(x)=x-a\sin x-\mathrm{b}$,在$[0,a+b]$上用零点定理。
(3)提示:在$[c,d]$上用最大值与最小值定理及介值定理。

第一阶段自测题

1.(1)C; (2)B; (3)A; (4)A; (5)D。

2.(1)$\frac{1}{4}x^2+\frac{1}{2}x-\frac{15}{4}$,$x^2-2x-3$; (2)$\frac{2n-1}{2n+1}$,1; (3)$-\frac{3}{4}$,0;

(4)1,-2,不存在; (5)$\frac{5}{2}$,$\frac{3}{2}$; (6)2; (7)e^6; (8)$a=b=2$。

3.(1)$\frac{3x+6}{2x+7}$,定义域:$\left(-\infty,-\frac{7}{2}\right)\cup\left(-\frac{7}{2},-2\right)\cup(-2,+\infty)$; (2)1; (3)$\mathrm{e}^{-3}$; (4)3;

(5)连续区间为:$(-\infty,0)\cup(0,+\infty)$ $x=0$ 是第一类为跳跃间断点,$x=-1$ 是连续点;

(6)$V=\frac{\sqrt{2}}{32}a^3$。

4. 提示：$f(1)>0$，$f(2)<0$，在区间$[1,2]$上满足零点定理。

模块二　导数、微分及其应用

学习单元一

学习任务1

基本能力训练

1. (1)C；　(2)D；　(3)B；　(4)B；　(5)D；　(6)C。

2. (1)12m/s；　(2)53.9m/s、48.51m/s、49.004 9m/s，49m/s，gt；　(3) -1，$y=-(x-\pi)$，$y=x-\pi$。

拓展能力训练

(1)C；　(2)B。

学习任务2

基本能力训练

1. (1) $-\frac{13}{6}$；　(2)0；　(3) -2。

2. (1)$4x+\frac{1}{x^2}$；　(2)$3^x\ln3+3x^2+\frac{1}{3\sqrt[3]{x^2}}+\frac{1}{3\sqrt[3]{x^4}}$；　(3)$1+\frac{7}{2\sqrt{x^7}}+4x^{-3}$；

　(4) $-\frac{1}{x}$；　(5)$4(1+2x)$；　(6)$2^x+x2^x\ln2$；　(7)$9x^2-2x+3$；

　(8)$\arcsin x+\frac{x}{\sqrt{1-x^2}}$；　(9)$\frac{x\sin x\ln x+\cos x\ln x+\cos x}{\cos^2 x}$；　(10)$\frac{2}{x(1-\ln x)^2}$。

拓展能力训练

1. (1) $-\dfrac{1+2x}{(1+x+x^2)^2}$； (2) $\arcsin x+\dfrac{1}{2\sqrt{x}}\arctan x+\dfrac{x}{\sqrt{1-x^2}}+\dfrac{\sqrt{x}}{1+x^2}$；

(3) $-\dfrac{1+t}{\sqrt{t}(1-t)^2}$； (4) $y=\dfrac{-\csc^2x(1+\sqrt{x})-\cot x\left(\dfrac{1}{2\sqrt{x}}\right)}{(1+\sqrt{x})^2}$；

(5) $\dfrac{1+x^2-2x(1-x)(2-x)}{(1-x)^2(1+x^2)^2}$。

2. (1) $\dfrac{3}{25}$； (2) $\dfrac{\sqrt{2}}{4}\left(1+\dfrac{\pi}{2}\right)$； (3) $-\dfrac{1}{18}$； (4) 2； (5) a_1。

学习任务3

基本能力训练

1. (1) B； (2) D； (3) D； (4) B。

2. (1) $50(1+5x)^9$； (2) $-\dfrac{1}{2\sqrt{1-x}}$； (3) $\dfrac{1}{2\sqrt{(1-x)^3}}$；

(4) $\dfrac{2}{1+2x;}$ (5) $2x\cos x^2$； (6) $-\tan x$； (7) $-14x(1-x^2)^6$；

(8) $2xe^{x^2}$； (9) $6\cos(2t+\dfrac{\pi}{3})$； (10) $\dfrac{1}{2\sqrt{x}(1+x)}$；

(11) $-3\cos^2x\sin x-3\sin 3x$； (12) $2x\sec x^2\tan x^2$； (13) $\dfrac{3\sin x}{\cos^4x}$；

(14) $-\dfrac{x}{\sqrt{1-x^2}}$； (15) $2x\sin\dfrac{1}{x}-\cos\dfrac{1}{x}$。

拓展能力训练

1. (1) $\sin 2(1-x)$； (2) $\dfrac{1}{\sqrt{x^2-1}}$； (3) $\dfrac{1}{\ln(\ln x)\cdot\ln x\cdot x}$；

(4) $\dfrac{-2x\sin 2x-2\cos 2x}{x^3}$； (5) $-\dfrac{2\sin x\cos x\sin x^2+2x\cos x^2(1+\cos^2x)}{\sin^2x^2}$；

(6) $\dfrac{\sec^2\left(x+\frac{1}{x}\right)}{2\sqrt{1+\tan\left(x+\frac{1}{x}\right)}}\left(1-\dfrac{1}{x^2}\right)$； (7) $4(x+\sin^2x)^3(1+2\sin x)$； (8) $\dfrac{1}{\sqrt{1-x^2}+1-x^2}$。

2. (1) $\cos(\sin x)$； (2) $2x^2$。

3. (1) $2xf'(x^2)$； (2) $f'(e^x)e^{f(x)}e^x+f'(x)e^{f(x)}f(e^x)$； (3) $f'[f(x)]f'(x)$；

(4) $f'(\sin^2x)\sin 2x-f'(\cos^2x)\sin 2x$。

学习任务4

基本能力训练

1. (1)B； (2)B； (3)B； (4)C。

2. (1) $y'=\dfrac{y+e^x}{e^y-x}$； (2) $y'=\dfrac{y-2x}{2y-x}$； (3) $y'=\dfrac{y}{y-1}$； (4) $y'=\dfrac{\cos(x+y)}{1-\cos(x+y)}$。

3. (1) $\left(\dfrac{\ln(1+x^2)}{2\sqrt{x}}+\dfrac{2x\sqrt{x}}{1+x^2}\right)\cdot(1+x^2)^{\sqrt{x}}$；

(2) $(x-1)\sqrt[3]{(3x+1)^2(2-x)}\left(\dfrac{1}{x-1}+\dfrac{2}{3x+1}+\dfrac{1}{3x-6}\right)$。

拓展能力训练

1. 切线方程：$y+\dfrac{1}{2}x-2=0$； 法线方程：$y-2x+\dfrac{1}{2}=0$。

2. $2\pi ab$。

学习任务5

基本能力训练

1. (1) $-48\sin\left(4t+\dfrac{\pi}{6}\right)$； (2) $\sin x$； (3) $n!\ a_n$。

2. (1) $-2\sin x-x\cos x$； (2) 2^ne^{2x}。

拓展能力训练

1. 略。

2. $(-1)^n n!\ (1+x)^{-n-1}$。

3. $\frac{2(y-2)(x+y+2)}{(x+2y)^3}$。

4. 因为水量 w 随着时间的增加而增加，所以$\frac{\mathrm{d}w}{\mathrm{d}t}>0$，但因为增加量越来越小，所以$\frac{\mathrm{d}^2w}{\mathrm{d}t^2}<0$。

学习单元二

学习任务1

基本能力训练

1. (1)$\frac{1}{x^2}, \frac{2}{x}$； (2)$\mathrm{e}^{\cos x}, -\sin x\mathrm{e}^{\cos x}$； (3) $\cos\frac{1}{x}, -\frac{1}{x^2}\cos\frac{1}{x}$；

(4)$n\sin^{n-1}x, n\sin^{n-1}x\cdot\cos x$； (5)$\ln|x|+C$； (6)$2\sqrt{x}+C$； (7)$x+\ln|x|+C$；

(8)$\sin x+C$； (9)$-\cos x+C$； (10)$\ln(1+x^2)+C, \frac{2x}{1+x^2}$； (11)$\mathrm{e}^{\frac{1}{x}}+C, -\frac{1}{x^2}\mathrm{e}^{\frac{1}{x}}$。

2. (1)0.02,0.020 1,0.000 1； (2)$(3x-4x-8)\mathrm{d}x$； (3)$\frac{2x}{\sqrt{-x^4+x^2}}\mathrm{d}x$；

(4)$\left(\frac{4\ln x}{x}+1\right)\mathrm{d}x$； (5)$\mathrm{e}^{\arctan\sqrt{x}}\cdot\frac{1}{1+x}\cdot\frac{1}{2\sqrt{x}}\mathrm{d}x$； (6)$\mathrm{d}y=-\mathrm{d}x$；

(7)$2\ln x\cdot\frac{1}{x}\mathrm{d}x$； (8)$\frac{-6x^2}{(x^3-1)^2}\mathrm{d}x$。

拓展能力训练

(1)0.25。 (2)$\frac{y-x}{y+x}\mathrm{d}x$。

学习任务2

1. 0.5076。

2. $U_c\approx\frac{Et}{RC}$。

3. 0.667%。

第二阶段自测题

1. (1)A； (2)D； (3)B； (4)B； (5)C； (6)C。

2. (1)①0.1； ②0.21； ③2.1； ④2。

(2)①0； ②$\frac{3\pi}{4}$； (3) $-\sin(t-\frac{\pi}{6})$； (4)1； (5)$\frac{\ln2}{2}+\frac{1}{\ln2}$；

(6)2； (7)$e^{\sin^2x}$； (8)x； (9)$y-\frac{1}{2}=\frac{\sqrt{3}}{2}\left(x-\frac{\pi}{6}\right)$。

3. (1)①0； ② −1。

(2)①$nx^{n-1}+n$； ②e^{x+1}； ③$9x^2(x^3-1)^2$； ④$\sqrt{1-x^2}-\frac{x^2}{\sqrt{1-x^2}}$；

⑤$\frac{\sqrt{x+2}(3-x)^4}{(x+1)^5}\left[\frac{1}{2(x+2)}+\frac{4}{x-3}-\frac{5}{x+1}\right]$； ⑥$x^x(\ln x+1)$。

(3)①$\ln x\mathrm{d}x$； ②$\frac{2\ln(1-x)}{x-1}\mathrm{d}x$； ③$\sin2x\mathrm{d}x$； ④$\frac{1+x^2}{(1-x^2)^2}\mathrm{d}x$。

(4) $-\frac{e^y}{1+xe^y}$。

(5)切线方程 $x+2y-4=0$,法线方程 $2x-y-3=0$。

4. (1)9.6π； (2)$\frac{1}{60}$。

学习单元三

学习任务1

基本能力训练

1. (1)A； (2)B。

2. (1)答案提示:显然$f(x)$在整个实数轴上连续可导,且由罗尔定理知,在区间(1,2)内,存在一点x_1,使得$f'(x_1)=0$;在区间(2,3)内,存在一点x_2,使得$f'(x_2)=0$。所以方程$f'(x)=0$有两个实根x_1、x_2,且它们分别在区间(1,2)和(2,3)内。

(2)答案提示:设$f(x)=\arcsin x+\arccos x$,由$f'(x)=0$得知$f(x)=c$,取$x=0$得,$c=\frac{P}{2}$。

拓展能力训练

(1)答案提示:设$f(x)=\sin x$。显然,$f(x)$在区间$[a,b]$上连续,在(a,b)上可导,且$f'(x)=\cos x$。由拉格朗日定理,(a,b)内至少存在一点x,使$\dfrac{f(b)-f(a)}{b-a}=f'(x)$,即$f(b)-f(a)=f'(x)(b-a)$,将$f(x)=\sin x$,$f'(x)=\cos x$代入得

$$\sin b-\sin a=\cos x(b-a)$$

因为$|\cos x|\leqslant 1$,所以$|\cos\xi|\leqslant 1$,即$|\sin b-\sin a|=|\cos x||b-a|\leqslant b-a$。

(2)答案提示:设$f(t)=\ln t$,在$[1,1+x]$上应用拉格朗日定理。

学习任务2

基本能力训练

1. (1)B;　(2)D;　(3)C;　(4)C。

2. (1)6;　(2)$\dfrac{3}{5}$;　(3)2;　(4)1;　(5)$+\infty$;　(6)1。

拓展能力训练

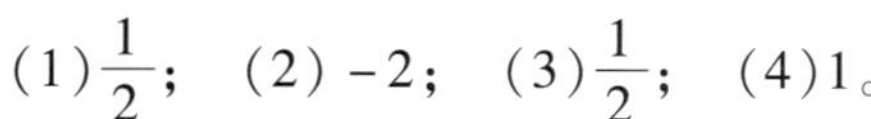

(1)$\dfrac{1}{2}$;　(2)-2;　(3)$\dfrac{1}{2}$;　(4)1。

学习任务3

基本能力训练

1. (1)D;　(2)B;　(3)D;　(4)C;　(5)C;　(6)A。

2. (1)>0, <0。　(2)$\left(\dfrac{1}{2}+\infty\right)$,$\left(0,\dfrac{1}{2}\right)$。

   (3)驻点;不可导。　(4)$a=-2$;　$b=-\dfrac{1}{2}$。　(5)$-4,4$。

3. (1)单调增加区间$(-\infty,-2)$和$(1,\infty)$;单调减少区间$(-2,1)$;极大值30;极小值3。

(2)单调增加区间$(0,1)$和$(2,\infty)$；单调减少区间$(-\infty,0)$和$(1,2)$；

极小值：$f(0)=f(2)=0$；极大值：$f(1)=1$。

(3)单调增加区间$(1,+\infty)$和$(-\infty,0)$；单调减少区间$(0,1)$。

极小值$-\frac{1}{2}$；极大值0。

拓展能力训练

(1)提示：令$f(x)=\frac{1}{3}\tan x+\frac{2}{3}\sin x-x$；

(2)提示：令$f(x)=(1+x)\ln^2(1+x)-x^2, x\in(0,1)$；

(3)提示：令$f(x)=1+\frac{x^2}{2}-e^{-x}-\sin x$。

学习任务4

基本能力训练

1. (1)$x=4, x=8$； (2)$-10, 2$。
2. (1)依墙长为16m，宽为8m； (2)$x=8, y=4$； (3)高为6m，半径为3m。

拓展能力训练

(1)底面边长5m，高为5m。

(2)高$\frac{\sqrt{6}}{3}d$，宽$\frac{\sqrt{3}}{3}d$。

(3)每套每月的租金为310元时可以获得最大利润。

学习任务5

基本能力训练

1. (1)D； (2)C； (3)C。

2. (1)在$(-\infty,+8)$是凹的；　(2)在$(0+\infty)$是凸的，在$(-\infty,0)$是凹的；
(3)在$(1,+\infty)$是凸的，在$(-\infty,1)$是凹的，拐点$(1,2)$。

拓展能力训练

(1)在$\left(-\infty,-\frac{1}{\sqrt{2}}\right)$，$\left(\frac{1}{\sqrt{2}},+\infty\right)$是凹的，在$\left(-\frac{1}{\sqrt{2}},\frac{1}{\sqrt{2}}\right)$是凸的，拐点是$\left(-\frac{1}{\sqrt{2}},\frac{1}{\sqrt{e}}\right)$和$\left(\frac{1}{\sqrt{2}},\frac{1}{\sqrt{e}}\right)$。

(2)在$\left(-\infty,\frac{\sqrt{3}}{3}\right)$，$\left(\frac{\sqrt{3}}{3}+\infty\right)$是凹的，在$\left(-\frac{\sqrt{3}}{3},\frac{\sqrt{3}}{3}\right)$是凸的，拐点是$\left(-\frac{\sqrt{3}}{3},\frac{3}{4}\right)$和$\left(\frac{\sqrt{3}}{3},\frac{3}{4}\right)$。

学习任务6

基本能力训练

(1)$K=0$。

(2)①$K=2$；　②$K=\frac{6\sqrt{5}}{25}$；　③$K=\frac{4}{5\sqrt{5}}$。

拓展能力训练

(1)$\left(\frac{\pi}{2},1\right)$；　(2)45 400N。

第三阶段自测题

1. (1)B；　(2)B；　(3)D；　(4)B；　(5)C。

2. (1)0；　(2)$(0,+\infty)$，$(-1,0)$，$x=0$；　(3)0；　(4)$a=-3,b=0$；　(5)$a=-1,b=-3$。

3. (1)$\frac{1}{2}$；　(2)单调减少区间为$(0,1)$；　单调增加区间为$(-1,0)$；　极大值为0，无极小值；　在区间$(-1,1)$内凸，无拐点；　(3)最大值$f(1)=\frac{1}{2}$，最小值为$f(0)=0$。

4. (1)当产量为250件时可使利润达到最大，且最大利润为1 230元。

(2)当底半径$r=\sqrt[3]{\frac{V}{2\pi}}$，高$h=2\sqrt[3]{\frac{V}{2\pi}}$，才能使表面积最小。这时底直径与高的比为1∶1。

模块三 积分及其应用

学习单元一

学习任务1

基本能力训练

1. (1)D； (2)C； (3)D； (4)C； (5)B； (6)D； (7)C； (8)B； (9)A。

2. (1)$\sqrt{x}+C$； (2)$\frac{1}{x}+C$； (3)$2x$； (4)$(e^{x^2}-x)dx$。

3. (1)$\frac{1}{3}x^3+\frac{2^x}{\ln 2}-4\arcsin x+C$； (2)$a^4x-\frac{2}{3}a^2x^3+\frac{1}{5}x^5+C$；

(3)$\frac{2}{3}x^{\frac{3}{2}}+2x^{\frac{1}{2}}-x-\ln|x|+C$； (4)$-\frac{2}{3}x^{-\frac{3}{2}}+C$； (5)$\frac{2}{3}x^{\frac{3}{2}}-2x+C$； (6)$\frac{2^x e^x}{\ln 2+1}+C$。

拓展能力训练

1. (1)$-\frac{1}{x}+\arctan x+C$； (2)$\frac{1}{3}x^3-x+\arctan x+C$； (3)$-\frac{2}{\sqrt{x}}-2\sqrt{x}+C$；

(4)$\sin x-\cos x+C$； (5)$\frac{3}{2}x+\frac{1}{2}\sin x+C$。

2. (1)$y=\ln|x|+1$； (2)$s=t^3+2t^2$。

学习任务2

基本能力训练

1. (1)B； (2)B； (3)C； (4)A； (5)C。

2. (1) $d\left(\frac{x^3}{3}+C\right)$； (2) $d(2\sqrt{x}+C)$； (3) $\frac{1}{2}$； (4) $\frac{1}{3}$； (5) -2； (6) $-\frac{1}{2}$；

(7) $\frac{1}{2}F\left(2x+\frac{1}{2}\right)+C$； (8) $4x^3-x+C$。

3. (1) $\frac{1}{10}(2x+3)^5+C$； (2) $\ln|\ln x|+C$； (3) $-\frac{1}{4x-6}+C$；

(4) $-\frac{1}{3}\cos(3x+2)+C$； (5) $-\frac{1}{3}e^{-3x+5}+C$； (6) $\frac{1}{4}\tan 4x+C$；

(7) $\frac{1}{3}\tan 3x-x+C$； (8) $\cos\frac{1}{x}+C$； (9) $\arcsin\frac{x}{2}+C$； (10) $\frac{1}{3}\arctan\frac{x}{3}+C$。

拓展能力训练

1. (1) $-\frac{1}{3}(1-x^2)^{\frac{3}{2}}+C$； (2) $-\frac{1}{2(1+x^2)}+C$； (3) $\frac{(2\ln x+3)^2}{4}+c$；

(4) $-\frac{1}{2}\ln|1-x^2|+C$； (5) $\arcsin e^x+C$； (6) $\arctan e^x+C$；

(7) $\frac{1}{2}\ln(x^2+1)-\arctan x+C$； (8) $2\sin(\sqrt{x}+2)+C$； (9) $\frac{1}{3}(\sin x)^3+C$；

(10) $\frac{1}{5}(\cos x)^5-\frac{1}{3}(\cos x)^3+C$； (11) $\frac{1}{2}x-\frac{1}{4}\sin 2x+C$；

(12) $\tan x+\frac{1}{3}(\tan x)^3+C$； (13) $\frac{1}{3}(\tan x)^3-\tan x+x+C$；

(14) $\ln|x+\sin x|+C$； (15) $\frac{1}{2}\arcsin(\sin^2 x)+C$； (16) $\frac{1}{x}+C$；

(17) $\frac{1}{2}\ln|1+x|-\frac{1}{2}\ln|1-x|+C$。

2. $y=\frac{1}{2}\ln(3+2x)-\frac{1}{2}\ln 3$。

学习任务3

基本能力训练

(1) $2\sqrt{x}-2\ln(\sqrt{x}+1)+C$； (2) $\frac{2}{3}(x-3)\sqrt{x-3}+6\sqrt{x-3}+C$；

(3) $2\sqrt{x+1}-2\ln(1+\sqrt{x+1})+C$；

(4) $\frac{2}{45}(3x-1)^2\sqrt{3x-1}+\frac{2}{27}(3x-1)\sqrt{3x-1}+C$；

(5) $x-2\sqrt{x}+2\ln(1+\sqrt{x})+C$；　(6) $\frac{9}{2}\arcsin\frac{x}{3}+\frac{1}{2}x\sqrt{9-x^2}+C$。

拓展能力训练

(1) $\frac{3}{4}\sqrt[3]{(2x+1)^2}-\frac{3}{2}\sqrt[3]{2x+1}+\frac{3}{2}\ln\left|1+\sqrt[3]{2x+1}\right|+C$；

(2) $6[\sqrt[6]{x}-\arctan\sqrt[6]{x}]+C$（提示：令$\sqrt[6]{x}=t$）；

(3) $\ln\frac{\sqrt{1+e^x}-1}{\sqrt{1+e^x}+1}+C$；

(4) $\frac{9}{4}\arcsin\frac{2x}{3}+\frac{1}{2}x\sqrt{9-4x^2}+C$；

(5) $\ln(\sqrt{4+x^2}+x)+C$。

学习任务4

基本能力训练

1. (1) A；　(2) A；　(3) D；　(4) D；　(5) D。

2. (1) $x\ln x-x+C$；　(2) $x\arcsin x+\sqrt{1-x^2}+C$；　(3) x^2；　(4) $\arctan x$。

3. (1) $-xe^{-x}-e^{-x}+C$；　(2) $-\frac{1}{3}\cos 3x+\frac{1}{9}\sin 3x+C$；

(3) $\frac{x}{2}\sin 2x+\frac{1}{4}\cos 2x+C$；　(4) $\frac{1}{3}x^3\ln x-\frac{1}{9}x^3+C$；

(5) $\left(\frac{1}{2}x^2+x\right)\ln x-\frac{1}{4}x^2-x+C$；　(6) $x\arctan x-\frac{1}{2}\ln(1+x^2)+C$。

拓展能力训练

1. (1) $\frac{1}{2}x^2e^{2x}-\frac{1}{2}xe^{2x}+\frac{1}{4}e^{2x}+C$；　(2) $\frac{1}{5}e^x\cos 2x+\frac{2}{5}e^x\sin 2x+C$；

(3) $\frac{2}{5}e^{2x}\sin x-\frac{1}{5}e^{2x}\cos x+C$。

2. $\cos x-\frac{2\sin x}{x}+C$。

学习单元二

学习任务1

基本能力训练

1. (1)A；(2)A；(3)D；(4)A；(5)C。

2. (1) $\int_0^3 (2x^2+1)\mathrm{d}x$；(2) $\int_0^5 (2t+1)\mathrm{d}t$。

拓展能力训练

1. (1)6；(2)5；(3)0；(4)π。

2. $\frac{3}{\mathrm{e}^4} \leqslant \int_{-2}^{1} \mathrm{e}^{-x^2}\mathrm{d}x \leqslant 3$。

3. $\int_1^2 \ln x\mathrm{d}x > \int_1^2 (\ln x)^2\mathrm{d}x$。

学习任务2

基本能力训练

1. (1)C；(2)D；(3)A。

2. (1)$\tan^2 x$；(2)1；(3)$\frac{1}{\mathrm{e}}$。

3. (1)$\frac{29}{6}$；(2)5；(3)$\frac{\pi}{4}$；(4)4；(5)$1-\frac{\pi}{4}$；(6)$\frac{\pi}{4}+1$；(7)$\frac{11}{2}$。

拓展能力训练

1. $b-a-1$。

2. (1)$\frac{1}{3}$；(2)极小值$f(0)=0$。

学习任务3

基本能力训练

1.（1）B；（2）B；（3）C。

2.（1）$\frac{1}{3}$；（2）$\ln\sqrt{2}$；（3）$\frac{1}{2}$；（4）$\frac{\pi}{24}$；（5）$2e-2$；（6）$\frac{28}{3}$；（7）$2-2\ln\frac{4}{3}$；（8）0。

拓展能力训练

1.（1）0；（2）0，ln2；（3）1。

2.（1）$\sqrt{3}a$；（2）2；（3）$\frac{1}{3}+e$。

3.（1）提示：令 $3-x=t$；

（2）$\frac{\pi^2}{4}$。提示：$\int_0^{2a}f(x)\mathrm{d}x=\int_0^a f(x)\mathrm{d}x+\int_a^{2a}f(x)\mathrm{d}x$，对$\int_a^{2a}f(x)\mathrm{d}x$ 做变换，令 $x=2a-t$。

学习任务4

基本能力训练

（1）$\frac{1}{4}-\frac{3}{4e^2}$；（2）$-2\pi$；（3）$2-\frac{2}{e}$；（4）$\frac{\pi}{4}-\frac{1}{2}$；（5）$\frac{e^{\frac{\pi}{2}}+1}{2}$。

拓展能力训练

（1）$2e^2+2$；（2）2π；（3）2。

学习任务5

基本能力训练

1.（1）C；（2）C；（3）C；（4）A。

2. $p>1$ 时收敛；$p\leqslant 1$ 时发散。

3. (1)$\frac{1}{24}$； (2)$\frac{2}{e}$； (3)$\frac{\pi}{3\sqrt{3}}$。

拓展能力训练

1. $\frac{5}{2}$。

2. 当 $k>1$ 时，收敛于$\frac{1}{(k-1)(\ln 2)^{k-1}}$，当 $k\leqslant 1$ 时发散。

3. 略。

4. $\frac{1}{4}$。

学习单元三

学习任务1

基本能力训练

1. (1)A； (2)D； (3)A。

2. (1)$\frac{9}{2}$； (2)$\frac{3}{2}-\ln 2$； (3)$\frac{32}{3}$； (4)$\frac{64}{3}$。

拓展能力训练

(1)$\frac{7}{6}$； (2)$\frac{4\ 136}{111}$； (3)$a=0,b=1$。

学习任务2

基本能力训练

(1)$\frac{\pi}{2}a$； (2)$\frac{3\pi}{5}(8^{\frac{5}{3}}-5^{\frac{5}{3}})\approx 32.76$。

拓展能力训练

平面图形面积为$\frac{9}{4}$，绕 x 轴旋转而成的立体体积为$\frac{8\pi}{3}$，绕 y 轴旋转而成的立体体积为$\frac{18\pi}{5}$。

学习任务3

基本能力训练

(1)2.45J； (2)8.23×10^5N； (3)$\frac{1}{2}gt$； (4)0； (5)$S_x=\frac{1}{10}$，$S_y=\frac{1}{4}\left(\frac{3}{4},\frac{3}{10}\right)$；
(6)64N · m。

拓展能力训练

91 500J。

第四阶段自测题

1. (1)B； (2)D； (3)C； (4)B； (5)C； (6)B； (7)C；
 (8)A； (9)A； (10)A。
2. (1)$f(x)=-\frac{2}{(x-1)^2}$； (2)$x+\frac{1}{2}\ln x+C$； (3)$\frac{1}{3}$； (4)4； (5)0。
3. (1)$t+2\ln|t|-\frac{1}{t}+C$； (2)$-\frac{1}{\sin x+\cos x}+C$； (3)ln3；
 (4)$\frac{\pi^2}{8}+1$； (5)$2e^2+2$。
4. 面积为$\frac{2}{3}$，体积为$\frac{2\pi}{3}$。

模块四　一元函数微积分问题的 MATLAB 操作

学习任务1

基本能力训练

1.(1)A；(2)C；(3)A；(4)B。

2.(1)①14.147 7；②3.674 1；③1.001 3；④13.736 5。(2)0.473 1。

(3)x^3 +3 * x -5,x^3 - x -1,2 * x^4 -2 * x^3 +2 * x^2 -8 * x +6；

1/(2 * x -2) * x^3 +1/(2 * x -2) * x -3/(2 * x -2)。

(4)①(x -2) * (x +2) * (x +1)；②(x^4 -8) * (x^4 +8)。

(5)①1，$\pm\sqrt{3}\ i$；②x1 =1,x2 =2,x3 =3,x4 =4。提示≫symsx1x2x3x4；

[x1x2x3x4] = solve('2 * x1 -3 * x2 + x3 +2 * x4 =8','x1 +3 * x2 + x4 =6','x1 - x2 + x3 +8 * x4 =7','7 * x1 + x2 -2 * x3 +2 * x4 =5')。

(6)略。

(7)略。

拓展能力训练

1.略。　2.略。

学习任务2

基本能力训练

1.(1)∞；(2)$-3x^2$；(3)$\frac{1}{2}$；(4)$\frac{1}{2}$；(5)1；(6)0。

2.(1)1/(x^2 + a^2)^(1/2)；(2)atan(x) + x/(1 + x^2) + exp(- x)；

(3)cos(x)^(sin(x) -1) * (cos(x)^2 * log(cos(x)) -1 + cos(x)^2)；

(4)asin(1/3 * x)。

3.1。

4.$y=5x-2$。

5.24/(x +1)^5。

6.(1) $-\cos x+\frac{1}{3}\cos^3 x+C$（提示：可用 simplify 命令化简结果）；

(2) $2\sqrt{x-1}-2\arctan\sqrt{x-1}+C$；　(3) $\ln|1+xe^x|+C$；

(4)18；　(5)1；　(6)π。

拓展能力训练

1.(1)2 * y/(2 * y - 2 * x)；　(2) - sin(x)/(1 - 1/2 * cos(y))。

2. $a=2,b=-\frac{3}{2}$。

3. $x+2y-4=0$。

4.极小值为 f(3) = -22；　极大值为 f(-1) = 10。

提示：求极小值输入[x1,y1] = fminbnd('x^3 - 3 * x^2 - 9 * x + 5', -5,5)

求极大值输入[x2,y2] = fminbnd('- x^3 + 3 * x^2 + 9 * x - 5', -5,5)

第五阶段自测题

1.(1)①sin(x)；　②tan(x)；　③abs(x)；　④atan(x)；　⑤exp(x)；　⑥log(x)；
⑦log2(x)；　⑧pi；　⑨inf。　(2)syms；　(3)字母；　(4)a * b,a^b；　(5)区分。

2.(1)7.7970。　(2)11.6018（提示：x = 6；　f = atan(x) + sqrt(x^2 - 9) + abs(x - 1)）。
(3)x = 13/9,y = -2/9,z = 1/3（提示：[xyz] = solve('x - y + z = 2','2 * x + y + z = 3','x - y - 2 * z = 1')）。　(4)略。　(5)①2；　②-1；　③ e^{-1}。（操作步骤：略）
(6)①2 * exp(x^2) + 4 * x^2 * exp(x^2) + 3 * cos(3 * x)；
②cos(x + y)/(1 - cos(x + y))。
（提示：symsxy；　f = y - sin(x + y)；　dfx = diff(f,x)；　dfy = diff(f,y)；　g = - dfx/dfy）
(7) -6。（提示：symsx；　f = log(1 + x)；　g = diff(f,x,4)；　x = 0；　eval(g)）
(8)① - (2 - x^2)^(1/2) + C；　②18；　③2。
(9)画图输入：≪x = -4:0.1:4；　y1 = x.^2 - 4;y2 = x + 2；　plot(x,y1,x,y2)
输入：≫symsx；　y = x + 2 - x^2 + 4；　int(y,x, -2,3)
输出面积为 125/6。